J. C. Godebski



# Géométrie du Jalon

Elibron Classics
www.elibron.com

Elibron Classics series.



ISBN 0-543-70534-X (paperback)
ISBN 0-543-70533-1 (hardcover)

This Elibron Classics Replica Edition is an unabridged facsimile of the edition published in 1845 by Dépot général, Bruxelles.

# GÉOMÉTRIE DU JALON.

IMPRIMERIE DE J. H. BRIARD,
Rue Neuve, 31, faubourg de Namur.

# GÉOMÉTRIE DU JALON

OU

L'ART DE RÉSOUDRE LES PROBLÈMES USUELS DE GÉOMÉTRIE PRATIQUE, A L'AIDE DE SIMPLES ALIGNEMENTS; CONTENANT DE PLUS LA THÉORIE ÉLÉMENTAIRE DES TRANSVERSALES RECTILIGNES, AINSI QUE LA DESCRIPTION DES INSTRUMENTS ET DES MOYENS ORDINAIRES POUR TRACER ET MESURER DES LIGNES DROITES.

**OUVRAGE CONSACRÉ A LA PRATIQUE.**

PAR

Le Capitaine J. C. Godetski.

« Les mathématiques ont, au premier aspect, quelque chose de rude et même de rebutant; mais dès qu'on les connaît un peu, on ne veut, pour ainsi dire, plus connaître qu'elles. » (*Fontenelle*.)

Bruxelles,

CHEZ LES PRINCIPAUX LIBRAIRES.

DÉPOT GÉNÉRAL, RUE RUYSBROECK, 56.

1845

# AVANT-PROPOS.

« Les mathématiques ont, au premier aspect, quelque chose de rude et même de rebutant, mais dès qu'on les connait un peu, on ne veut, pour ainsi dire, plus connaître qu'elles. »

(FONTENELLE.)

Inspirer aux élèves du goût pour les sciences mathématiques, en leur démontrant l'utilité directe des premières notions de géométrie, tel est le but pr[illegible]ipal de cet opuscule, dont l'intelligence n'exige que la connaissance des proportions des lignes et des triangles. Si l'application de la théorie développée dans la première partie de l'ouvrage, mène, par des voies très-simples, à la solution d'une foule de cas qui peuvent plus d'une fois se présenter dans la pratique ; l'habitude des constructions régulières, et d'une exécution facile sur le terrain, conduit à un résultat non moins important : celui de former le coup d'œil, qualité inappréciable dans notre état.

L'expérience des dernières années nous ayant confirmé dans l'opinion que des traités de cette espèce ne sauraient être trop élémentaires, que trop de concision rebute un grand nombre d'élèves ; afin de mettre ce travail à la portée même des moins avancés, nous avons eu soin de rappeler au besoin les diverses propriétés des proportions géométriques, ainsi que les propositions auxquelles on devra recourir pour l'intelligence des démonstrations, à l'ouvrage de Legendre, *Eléments de Géométrie*.

Notre intention n'a pas été de donner à la théorie des transversales tout le développement dont elle est susceptible ; nous nous sommes borné à exposer de la manière la plus simple les propriétés fondamentales de ces lignes, en négligeant certaines conséquences qui ne trouvent leur application que dans la mécanique ou dans la pratique de la *perspective*.

La méthode analytique offrant l'avantage d'indiquer la voie qu'a dû suivre l'intelligence pour arriver à la connaissance d'une vérité nouvelle, au moyen des vérités déjà acquises ; nous lui avons donné la préférence quant au développement de la théorie. Obligé de rapporter au chapitre des applications plusieurs problèmes enseignés dans la géométrie élémentaire, il nous a paru plus simple d'adopter pour toute cette partie du travail, le mode de raisonnement suivi dans les écoles. Nous aurions pu aussi, à l'exemple de quelques auteurs, supprimer les démonstrations à la suite des problèmes : mais, ayant eu plus d'une fois à rectifier l'inexactitude de certaines solutions, copiées sur la foi d'un auteur plus ou moins connu, nous avons compris l'utilité réelle des démonstrations dans les ouvrages consacrés à la pratique. Voici quelques exemples à l'appui : Par suite d'une de ces distractions qu'on rencontre fréquemment chez des hommes absorbés par l'étude, M. Salneuve, auteur d'un ouvrage très-estimé, au lieu de faire mener sous un même angle deux droites, les fait tracer *à volonté* dans un problème relatif aux parallèles (voir son *Cours de Topographie;* Paris, édit. 1841, p. 120, nº 138). Dominé par l'idée que, faisant partie du chapitre consacré exclusivement aux tracés à l'aide des seuls jalons, la construction indiquée peut être obtenue sans la mesure des angles ; un élève nous fit la confidence d'avoir inutilement pendant quelque temps cherché la solution du problème. — Parmi les diverses manières de tracer par un point donné une parallèle à une droite inaccessible, enseignées par Mascheroni, il y en a deux de fausses (voir *Problèmes de géométrie pratique à l'usage des arpenteurs*, 2e édit., réimprimée à Liége, 1838, p. 27, §§ 5 et 6) ; certes, l'auteur n'aurait pas commis ces erreurs, s'il s'était donné la peine de démontrer chaque solution. — M. de Tournemine, auteur d'une petite Topographie proposée à l'usage des écoles régimentaires en France, tombe dans des fautes plus graves encore, que nous relèverons en traitant des perpendiculaires. Ces quelques exemples, pris au hasard, justifient, nous semble-t-il, la marche que nous avons suivie.

# INTRODUCTION.

La difficulté de tracer des arcs sur le terrain, et de prendre la mesure exacte des angles, a donné l'idée, pour résoudre les problèmes les plus usuels de géométrie pratique, de recourir à d'autres procédés plus simples et moins sujets à erreur. Ces procédés consistent dans l'emploi de simples alignements qui n'exigent que des jalons et le fil à plomb; or, quelque grossière que soit leur confection, ces instruments sont toujours assez exacts, et l'on ne peut manquer de s'en procurer en tout temps et partout.

Parmi les constructions dont on fait usage dans la géométrie du jalon, quelques-unes ne sont que des applications des principes de la géométrie élémentaire proprement dite; mais la plupart sont fondées sur les propriétés des lignes droites qui font l'objet d'une branche élémentaire de la géométrie générale, appelée *géométrie des transversales*.

Les constructions obtenues au moyen de ces lignes sont d'une simplicité et d'une fécondité remarquables ; tandis que l'uniformité qui préside à leur exécution, permet d'en saisir promptement l'ensemble, et de les graver sans peine dans la mémoire. Avant de faire connaître les propositions fondamentales relatives aux transversales rectilignes, les seules dont nous aurons à nous occuper, disons quelques mots sur la bibliographie de cette partie technique de la géométrie, œuvre exclusive de notre époque.

Bien que quelques fragments de travaux scientifiques parvenus jusqu'à nous, fassent supposer que l'emploi des transversales n'ait pas été entièrement inconnu des anciens, toujours est-il que le mérite d'avoir le premier réuni en corps de doctrine la géométrie des transversales, tant rectilignes que curvilignes, appartient de droit à Carnot. Plusieurs auteurs ont, depuis lors, traité le même sujet sous des points de vue différents : les uns, tels que MM. Chasles et Lamé, étendant le domaine des spéculations purement géométriques, se sont servis avec avantage des propriétés des transversales pour démontrer celles des surfaces du second ordre ; d'autres, tels que MM. Servois et Brianchon, en ont fait des applications très-ingénieuses. Du reste, voici les ouvrages dont nous avons profité, et que le lecteur pourra consulter au besoin :

CARNOT, *Géométrie de position;* Paris, 1803.

ID., *Mémoire sur la relation qui existe entre les distances respectives de cinq points quelconques pris dans l'espace*, suivi d'un *Essai sur la théorie des transversales;* Paris, 1806.

SERVOIS, *Solutions peu connues de différents problèmes de géométrie pratique;* Paris.

Cet ouvrage, plein de vues ingénieuses, tant sur les éléments que sur les applications de la géométrie des transversales, ne se trouve plus dans le commerce.

BRIANCHON, *Application de la théorie des transversales;* Paris, 1818.

*Dictionnaire des sciences mathématiques,* publié sous la direction de A. S. DE MONTFERRIER; Paris, 1837; Bruxelles, 1838.

GEORGES RITT, *Problèmes de géométrie et de trigonométrie, avec les solutions;* Paris, 2e édit., 1842.

La *Correspondance mathématique et physique* (publiée à Gand, de 1825-27, sous la direction de MM. GARNIER et QUETELET; continuée à Bruxelles, de 1827-39, par M. QUETELET seul) contient, entre autres, des mémoires remarquables sur la théorie des polaires, par M. DANDELIN, colonel à l'état-major du génie belge, et M. OLIVIER. On y trouve aussi, de même que dans le *Journal de l'école polytechnique,* et les *Annales de mathématiques* publiées à Nismes par M. GERGONNE, un grand nombre de questions géométriques résolues à l'aide des transversales; seulement, nous ferons observer relativement au dernier recueil, que la plupart de ses productions sont du domaine purement spéculatif.

# GÉOMÉTRIE DU JALON.

## PREMIÈRE PARTIE.

### DÉFINITIONS, PROPRIÉTÉS FONDAMENTALES ET DIVISION HARMONIQUE DES TRANSVERSALES RECTILIGNES.

**1.** On nomme généralement *transversale* toute ligne. droite ou courbe, qui en coupe d'autres : droite, on la dit *rectiligne*; courbe, *curviligne*. Mais, pour ne pas la confondre avec une *sécante*, nous entendrons par *transversale rectiligne*, une droite qui traverse un système d'autres droites *non parallèles* : telle est *bda*, par rapport à AB, AD fig 1.
et D*a*.

**2.** *Segments* sont des portions de droite déterminées par une transversale, et dont la somme ou la différence constitue un des côtés du polygone formé par le système dont la droite fait partie. Ainsi, le système étant AB, AD et D*a*, les portions A*b*, *b*D, déterminées par la transversale *bda*, sont des segments ; car leur somme AD constitue un des côtés du triangle ABD : il en est de même pour A*d* et *d*B. Les portions *a*D, *a*B, sont aussi des segments ; car leur différence, *a*D — *a*B, constitue le côté BD (*).

(*) Quoique portion de la droite D*a*, BD n'est pas un segment ; vu qu'indépendante de la transversale *bda*, elle constitue à elle seule un des côtés du triangle ABD.

fig. 1 *Segments alternes* ou non contigus, sont ceux qui n'ont point d'extrémité commune : tels sont A*d*, *b*D, *a*B, ou bien A*b*, B*d* et D*a*; car il faut considérer B*d* comme ayant l'extrémité B commune avec le segment *a*B, et non avec D*a*.

Cela posé, examinons les relations qui existent entre les segments déterminés sur les trois côtés d'un triangle donné, par une transversale quelconque.

fig 2. **3.** Soit prolongé DB, un des côtés du triangle donné ABD; tracez une transversale, *bda*, qui coupe les côtés AD, AB, ainsi que le prolongement de DB; par le sommet d'un des angles, B par exemple, menez au côté opposé AD une parallèle qui rencontre la transversale en F.

A cause des parallèles AD, BF, les triangles A*db*, B*d*F, opposés au sommet *d*, sont équiangles; il en est de même des triangles *a*BF, *a*D*b*, ayant l'angle *a* commun : les deux premiers donnent (*)

$$Ab : BF :: dA : Bd;$$

les deux autres,

$$BF : bD :: aB : Da.$$

Multipliant ces deux proportions terme à terme, et omettant le facteur BF, commun aux termes du premier rapport, on a

$$Ab : bD :: dA \,.\, aB : Bd \,.\, Da.$$

Formant le produit des extrêmes et des moyens, et en se rappelant qu'un produit ne change pas de valeur dans quelque ordre qu'on multiplie, il vient

$$Ab \,.\, Bd \,.\, Da = aB \,.\, bD \,.\, dA. \quad . \quad . \quad . \quad .(A)$$

c'est-à-dire que le produit de trois segments alternes, est égal au produit des trois autres segments (**).

---

(*) *Legendre*, livre III, prop. 18.

(**) L'égalité *A* peut être retenue facilement, à cause de la symétrie remarquable qu'elle présente par rapport aux lettres. Cette symétrie

On suivrait la même démonstration dans le cas où la fig 2 bis
transversale *bda* rencontrerait le prolongement des trois côtés du triangle donné ABD ; seulement, au lieu d'être opposés au sommet, les triangles équiangles A*db*, B*d*F, auront l'angle *d* commun. Quant aux segments, on les détermine pour chaque côté d'après la remarque faite par rapport à D*a* (*fig.* 1) ; c'est-à-dire qu'ici aucun des côtés ne forme à lui seul un segment.

De là une première proposition fondamentale :

THÉORÈME I. *Etant prolongé indéfiniment un des côtés, ou les trois côtés d'un triangle; si l'on mène une transversale qui les coupe tous trois, on détermine six segments tels, que le produit de trois alternes est égal au produit des trois autres segments.*

**4.** Maintenant, figurons-nous que le point *a* s'éloigne fig 2 et 2 bis
constamment du point D. Les segments *a*B, *a*D, augmentant sans cesse, et la différence BD ne variant pas, il est évident que cette dernière sera contenue dans *a*B et dans *a*D, un nombre de fois qui ira toujours en croissant ; de manière qu'en supposant le point *a* situé à l'infini, les segments *a*B, *a*D, devenus infiniment grands, contiendront, chacun, la différence BD une infinité de fois. Par conséquent, on pourra considérer cette différence comme nulle par rapport à *a*B et *a*D, et la négliger sans crainte d'entacher le résultat final d'aucune inexactitude.

---

s'obtient, en plaçant à l'intersection de la transversale et de chacun des côtés une lettre semblable à celle qui occupe le sommet de l'angle formé par les deux autres côtés. Ainsi, nous avons placé à l'intersection de la transversale et du prolongement de DB, la lettre *a* ; parce qu'une lettre semblable A, occupe le sommet de l'angle formé par les deux autres côtés AB, AD. Nous avons placé à l'intersection de la même transversale et du côté AD, la lettre *b* ; parce qu'une lettre semblable B, occupe le sommet de l'angle formé par les deux autres côtés AB, BD ; ainsi du reste.

fig. 2 et 2 *bis*. D'après ces considérations, on aura $aB = Da$ (*).

Mais alors une transversale telle que *bda* sera devenue parallèle au côté BD, puisqu'elle ne peut le rencontrer qu'en un point situé à l'infini. Dans cette supposition, retranchons de l'égalité *A* les facteurs égaux $aB$, $Da$ ; l'égalité se réduira à

$$Ab \cdot Bd = bD \cdot dA.$$

Deux produits étant égaux, les deux facteurs de l'un

---

(*) Comme il pourrait se trouver parmi nos lecteurs des personnes à qui la méthode des *infiniment petits* ne fût pas familière, afin de fixer leurs idées, nous allons remplacer les grandeurs par des quantités.

Soit $Da = 100$, $aB = 80$ ; les deux segments seront dans le rapport $100 : 80$. Admettons que le point $a$ s'éloigne du point D d'une quantité $n = 100$ ; on aura $Da = 200$, et $aB = 180$ ; d'où il résulte :

$$Da : aB :: 200 : 180 :: 100 : 90.$$

Admettons encore que le point $a$ s'éloigne d'une quantité $n = 900$, au lieu de 100 ; on aura $Da = 1000$, $aB = 980$ ; d'où il résulte :

$$Da : aB :: 1000 : 980 : 100 : 98.$$

En comparant les trois rapports $100 : 80$, $100 : 90$, $100 : 98$, on s'aperçoit qu'à mesure que le point $a$ s'éloigne, le rapport $Da : aB$ diminue, et tend à se rapprocher de $100 : 100$, c'est-à-dire de l'unité ; limite qu'il ne saurait dépasser sans que $Da$ devienne plus petit que $aB$, ce qui ne peut avoir lieu que lorsque le point d'intersection $a'$ (*fig.* 5) se trouve sur le prolongement de BD du côté de D, au lieu de B. D'autre part, remarquez que la grandeur $BD = 20$ ne variant pas, on a dans le 1er exemple, $\frac{Da}{BD} = 5$, $\frac{aB}{BD} = 4$ ; dans le 2e exemple, $\frac{Da}{BD} = 10$, $\frac{aB}{BD} = 9$ ; dans le 3e exemple, $\frac{Da}{BD} = 50$, $\frac{aB}{BD} = 49$. Ainsi, tandis que le rapport $Da : aB$ tend vers l'égalité, le nombre de fois que chacun de ces segments contient BD, va toujours en augmentant, et la différence des deux quotients diminue sensiblement. Donc, il ne faut pas un grand effort d'intelligence pour concevoir qu'en supposant le point $a$ situé à l'infini, les segments $aB$, $Da$, contiendront, chacun, la différence BD une infinité de fois ; autrement dit, BD deviendra par rapport à $aB$ et $Da$ infiniment petite, ou moindre que la plus petite sont les extrêmes, et les deux facteurs de l'autre les moyens d'une proportion; ce qui donne fig 2 et 2 bi.

$$Ab : bD :: dA : Bd;$$

c'est-à-dire que les segments déterminés sur les côtés AB, AD, par la transversale $dba$ devenue parallèle à BD, sont proportionnels. Par conséquent :

Corollaire 1. *Toute transversale parallèle à la base* (*) *d'un triangle, coupe les deux autres côtés, prolongés au besoin, en segments proportionnels.*

---

partie assignable de l'unité. Par conséquent, on pourra la considérer comme nulle, et prendre $aB = Da$.

L'homme dans ses opérations journalières est obligé, par la nature même des moyens qu'il emploie pour l'évaluation des grandeurs ou des quantités, d'en omettre les plus petites; ainsi nous négligeons un millième de franc, un dix-millième de mètre, un dixième de gramme, etc., etc., etc.; parce que ces quantités paraissant très-petites, on les envisage comme nulles par rapport aux quantités qui les contiennent. Eh bien, quelque petites qu'elles soient, dès qu'on peut exprimer leur valeur relative, ces quantités sont immenses comparativement à celles désignées en mathématiques sous le nom d'*infiniment petits;* nous concevons ces derniers à l'aide de l'intelligence, mais il nous est impossible d'en déterminer la valeur, celle-ci etant moindre que la plus petite quantité imaginable. Aussi a-t-il fallu, pour représenter l'infini, créer des signes particuliers qui sont. pour les *infiniment grands,* un *huit* renversé $\infty$, qu'on énonce l'*infini;* et pour les *infiniment petits,* le même signe surmonté du chiffre 1 ($\frac{1}{\infty}$).

La méthode des infiniment petits qu'on emploie en géométrie, repose sur le principe fondamental suivant : *Toute grandeur ou toute quantité doit être considérée comme nulle par rapport à celle qui la contient une infinité de fois;* en d'autres termes, *toute grandeur ou toute quantité* infiniment petite, *doit être considérée comme nulle par rapport à une grandeur ou une quantité* finie.

En effet, si une grandeur ou une quantité supposée infiniment petite était susceptible de diminution, il y en aurait une autre plus petite encore; mais alors la première ne serait pas infiniment petite.

(*) Nous croyons devoir prévenir que, dans l'énoncé des proposi-

Le réciproque se démontre dans les éléments de géométrie (*).

fig. 1. **5.** Si, sans être parallèle à la base, la transversale *bda* passait au milieu d'un des côtés, de AB par exemple, on aurait B*d* = *d*A. Retranchant ces deux facteurs de l'égalité *A*, il reste :

$$Ab \,.\, Da = aB \,.\, bD\,;$$

ou, ce qui revient au même,

$$Ab : aB :: bD : Da.$$

On conclut de là :

Corollaire 2. *Toute transversale qui passe par le milieu de la base d'un triangle, coupe les deux autres côtés dont un prolongé au besoin, en segments proportionnels.*

**6.** Le réciproque de cette conséquence est vrai aussi ; c'est-à-dire que *toute transversale qui coupe en segments proportionnels deux côtés quelconques d'un triangle, en supposant un des côtés prolongé au besoin, passe par le milieu de la base.* Car, soit

$$Ab : aB :: bD : Da,$$

ce qui revient à

$$Ab \,.\, Da = aB \,.\, bD.$$

Si les segments B*d* et *d*A n'étaient pas égaux, en multipliant le premier membre par B*d*, le second par *d*A, l'égalité *A* serait détruite; mais cette égalité étant vérifiée par le théorème I, la supposition est absurde : donc la base AB est divisée en deux segments égaux.

**7.** Enfin, si au lieu de passer par le milieu d'un des côtés du triangle donné ABD, la transversale *bda* détermi-

---

tions, nous employons le mot *base* pour distinguer des deux autres côtés, un côté quelconque d'un triangle, *que celui-ci soit isoscèle ou non;* et qu'alors nous entendons par sommet du triangle, l'angle opposé à ce côté.

(*) *Legendre,* livre III, prop. 16.

nait le prolongement $aB = BD$; en remplaçant $aB$, par $\frac{1}{2}Da$, l'égalité $A$ devient fig 1.

$$Ab . Bd . Da = \tfrac{1}{2} Da . bD . dA.$$

Divisant par $Da$,

$$Ab . Bd = \tfrac{1}{2} bD . dA ;$$

ce qui revient à

$$Ab : \tfrac{1}{2} bD :: dA : Bd.$$

La somme ou la différence des deux premiers termes étant au premier ou au deuxième terme, comme la somme ou la différence des deux derniers est au troisième ou au quatrième, on a *componendo* :

$$Ab + \tfrac{1}{2} bD : bD :: dA + Bd : Bd.$$

Mais

$$Ab + \tfrac{1}{2} bD = AD - \tfrac{1}{2} bD, \text{ et } dA + Bd = AB ;$$

donc

$$AD - \tfrac{1}{2} bD : bD :: AB : Bd ;$$

c'est-à-dire que le côté AD moins la moitié du segment $bD$, contient cette moitié autant de fois que le côté AB contient le segment $Bd$.

Si l'on prend $\frac{1}{2} bD$ pour unité, on aura

$$AD - 1 : 1 :: AB : Bd.$$

Ces considérations donnent lieu à la conséquence suivante :

Corollaire 3. *Toute transversale qui coupe les trois côtés d'un triangle en déterminant le prolongement de la base égal à la base même, divise les deux autres côtés de manière que la moitié du segment contigu à l'extrémité de la base est au côté entier moins cette même moitié, comme le segment contigu au prolongement de la base est à son côté.*

**8.** Passons à l'examen des relations qui existent entre les segments déterminés, sur les trois côtés d'un triangle, par trois transversales ayant le point d'intersection commun.

fig. 3 Soit S un point pris à volonté au dedans d'un triangle ABD quelconque; de ce point menons sur chacun des côtés AB, AD, BD. une transversale qui passe par le sommet de l'angle opposé.

En considérant la droite B$b$ comme transversale par rapport aux trois côtés du triangle AD$a$, on aura, suivant le théorème I,

$$Ab \cdot Sa \cdot BD = AS \cdot bD \cdot aB.$$

De même, en considérant la droite D$d$ comme transversale par rapport aux trois côtés du triangle AB$a$, on aura, suivant la même proposition,

$$AS \cdot Bd \cdot Da = dA \cdot Sa \cdot BD.$$

Multipliant ces deux égalités, et omettant les communs facteurs S$a$, AS, BD, il résulte

$$Ab \cdot Bd \cdot Da = aB \cdot bD \cdot dA\,;$$

c'est-à-dire que le produit de trois segments alternes est, dans ce cas aussi, égal au produit des trois autres segments.

Le même résultat aurait lieu si le point S était situé au dehors du triangle. Car, en admettant que BSD soit le triangle donné, et A le point extérieur, il est évident que pour mener de ce point à chacun des côtés BS, BD et DS, une transversale qui passe par le sommet de l'angle opposé, on devra prolonger les côtés BS et DS; mais alors on tombe dans le cas précédent. De là cette seconde proposition fondamentale :

THÉORÈME II. *Si par un point quelconque, pris soit au dedans soit au dehors d'un triangle, on mène sur chacun des trois côtés, dont deux prolongés au besoin, une transversale qui passe par le sommet de l'angle opposé; on détermine six segments tels, que le produit de trois alternes est égal au produit des trois autres segments.*

fig. 3. **9.** Supposons qu'une des trois transversales, D$d$ par

exemple, pivotant sur D, devienne parallèle au côté AB fig 3
opposé à l'angle dont elle part. Il est clair que, dans ce cas, le point d'intersection se trouvera à l'extérieur du triangle : soit donc ce point S (*fig.* 21). DS étant parallèle à AB, on aura SB transversale au côté AD, et S*a* tranversale au côté prolongé DB.

D'après ce qui a été dit (n° 4), il faut considérer le point où la transversale DS rencontrait le côté AB, comme situé à $\infty$, et les segments B*d*, *d*A, qu'elle déterminait sur ce côté, comme devenus infiniment grands et, par conséquent, égaux; donc, retranchant ces deux facteurs de l'égalité *A*, on la ramène à

$$Ab \,.\, Da = aB \,.\, bD\,;$$

ou,

$$Ab : bD :: aB : Da\,;$$

c'est-à-dire que AD et le côté DB prolongé sont divisés en segments proportionnels aux points *a, b* : ainsi une droite menée par ces points, passera par le milieu du troisième côté AB (*voir* n° 6). On tire de là :

Corollaire 1. *Si par le sommet d'un triangle on mène une droite parallèle à la base, et que d'un point quelconque de cette droite l'on abaisse sur chacun des deux autres côtés, dont un prolongé au besoin, une transversale passant par le sommet de l'angle opposé ; les points où les transversales coupent soit les côtés soit leur prolongement, déterminent une droite qui divise la base en deux parties égales.*

**10**. Supposons encore qu'une des trois transversales, fig. 3
A*a* par exemple, passant par le sommet de l'angle A, divise en deux parties égales le côté BD opposé à cet angle; on aura D*a* = *a*B. Retranchant ces deux facteurs de l'égalité *A*, il vient

$$Ab \,.\, Bd = bD \,.\, dA,$$

ou,

$$Ab : bD :: dA : Bd;$$

fig 3. c'est-à-dire que, dans le cas supposé, les deux points d'intersection *b*, *d*, déterminent sur les côtés AD, AB, des segments proportionnels; et la droite qui passera par ces points, sera parallèle à la base BD (*).

On arriverait au même résultat si, le point S étant donné sur le prolongement de la transversale A*a*, soit au-dessus de BD, soit au-dessous de A, il était nécessaire de prolonger les côtés AB, AD. Ainsi :

Corollaire 2. *Etant menée par le sommet d'un triangle et le milieu de sa base, une droite; si d'un point quelconque de cette droite on abaisse sur chacun des deux autres côtés, prolongés au besoin, une transversale qui passe par le sommet de l'angle opposé; les points où les transversales rencontrent soit les côtés soit leur prolongement, appartiennent à une droite parallèle à la base.*

**11**. Le réciproque de cette conséquence est également vrai; savoir, qu'*étant menées parallèlement à la base d'un triangle donné, une ou plusieurs transversales comprises entre les deux autres côtés prolongés au besoin; si l'on joint les extrémités opposées de ces parallèles, les lignes de jonction se coupent toutes sur une même droite passant par le sommet du triangle et le milieu de sa base.*

fig. 15. En effet, soit *db* parallèle à la base BD. Joignez B*b* et D*d*; par le sommet A et le point d'intersection S, menez une droite AS, et prolongez-la jusqu'à la rencontre de la base.

De ce que *db* est parallèle à BD, on a

$$Ab : bD :: dA : Bd \ (^{**}),$$

ou,

$$Ab \,.\, Bd = bD \,.\, dA.$$

Si les segments D*a* et *a*B étaient inégaux, en multipliant

---

(*) *Legendre*, livre III, prop. 16.

(**) *Id.*, livre III, prop. 15.

le premier membre par D*a*, le second par *a*B, l'égalité *A*, fig. 15
censée vérifiée, serait détruite; ce qui implique absurdité dans la supposition : donc *a*B = D*a*, donc AS*a* passe par le milieu de la base.

Maintenant, si l'on mène plusieurs parallèles à BD, on sait qu'une droite telle que A*a* les divisera toutes proportionnellement à la base (*); par conséquent si D*a* = *a*B, on aura *ab* = *ad*, ab = ad, etc., etc., etc.

En joignant les extrémités opposées de ces parallèles, soit directement aux deux points de départ B, D (*fig.* 15), soit successivement (*fig.* 15 *bis*), il est clair que les points d'intersection S, *s*, etc., appartiennent tous à une même droite passant par le sommet A et les points-milieu des parallèles BD, *db*, db, etc., considérées comme bases des triangles qui ont l'angle A commun.

**12.** Soient menées par le sommet des angles du trian- fig 3
gle ABD, trois transversales A*a*, B*b*, D*d*, chacune perpendiculairement au côté opposé à l'angle dont elle part.

Les triangles BA*b*, DA*d*, rectangles en *b*, *d*, et ayant l'angle A commun, sont équiangles et semblables; donc

$$Ab : dA :: AD : AB.$$

Les triangles DB*d*, AB*a*, rectangles en *d*, *a*, et ayant l'angle B commun, donnent

$$Bd : aB :: AB : BD.$$

Enfin, les triangles AD*a*, BD*b*, étant rectangles en *a*, *b*, et ayant l'angle D commun, on a

$$Da : bD :: BD : AD.$$

Multipliant ces trois proportions par ordre, il en résultera une quatrième dans laquelle les facteurs du troisième

---

(*) *Legendre*, livre III, prop. 22.

fig. 3. et du quatrième terme seront identiques; par conséquent, les deux premiers termes sont égaux, savoir :

$$Ab \,.\, Bd \,.\, Da = aB \,.\, bD \,.\, dA.$$

Et puisque la même égalité résulte des conditions énoncées dans le théorème II, on est en droit d'établir que les trois perpendiculaires se coupent en *un* point.

Le même résultat aurait lieu si l'intersection S était située au dehors du triangle. Car, considérant le triangle BSD comme donné, et les droites B*d*, D*b*, comme transversales perpendiculaires au prolongement des côtés DS, BS, et ayant leur point de concours en A, abaissez de ce point une perpendiculaire sur BD : vous démontrerez d'abord, au moyen du raisonnement précédent, que les trois droites A*a*, B*b*, D*d*, ont une intersection commune; or, puisque B*b* et D*d* se coupent au sommet de l'angle S, donc la perpendiculaire A*a* passe par le même sommet. De là cette conséquence :

Corollaire 3. *Etant abaissées du sommet de deux angles d'un triangle donné deux transversales, perpendiculaire chacune soit au côté, soit au prolongement du côté opposé à l'angle dont elle part; le point d'intersection de ces transversales détermine avec le sommet du triangle, la direction d'une droite perpendiculaire à la base.*

fig. 4. **13**. Soient donnés un angle A et un point extérieur *a'* quelconques ; de ce point menez à volonté deux transversales *a'*BD, *a'db* qui coupent, chacune, les deux côtés de l'angle donné; joignez B*b* et D*d*; par le sommet A, et l'intersection des diagonales B*b*, D*d*, tracez une ligne AS qui se prolonge jusqu'à la rencontre de BD.

Si l'on considère *bda'* comme transversale par rapport aux trois côtés du triangle ABD, on aura par le théorème I,

$$Ab \,.\, Bd \,.\, Da' = a'B \,.\, bD \,.\, dA.$$

Si l'on considère A$a$, B$b$, D$d$, comme trois transversales fig. 1.
passant, chacune, par le sommet d'un des angles du triangle ABD, et ayant un point d'intersection commun, on aura par le théorème II,

$$Ab \, . \, Bd \, . \, Da = aB \, . \, bD \, . \, dA.$$

Divisant terme à terme, et réduisant ces deux proportions, il résulte

$$\frac{Da'}{Da} = \frac{a'B}{aB},$$

ou,

$$a'B : aB :: Da' : Da. \quad . \quad . \quad . \quad . \quad (B)$$

Formant le produit des extrêmes et des moyens, on a

$$a'B \, . \, Da = aB \, . \, Da';$$

c'est-à-dire que la droite A$a$ divise, avec les côtés de l'angle donné A, la transversale $a'$BD en quatre segments tels, que le produit de la transversale entière par le segment moyen $a$B, est égal au produit des deux segments extrêmes $a'$B, D$a$; plus brièvement, les quatre segments sont en *proportion harmonique* (*).

**14.** Faisons quelques remarques sur la proportion

$$a'B : aB :: Da' : Da.$$

(*) Une proportion harmonique résulte de la comparaison de trois quantités dont la première moins la deuxième est à la deuxième moins la troisième, comme la première est à la troisième; c'est-à-dire qu'étant désignées par $a$, $b$, $c$, les trois quantités donnent

$$a - b : b - c :: a : c.$$

Par conséquent, si la relation $B$ est une proportion harmonique, les quatre termes qui la composent pourront être réduits à trois, lesquels devront satisfaire à la condition énoncée.

En effet, remplaçant $a'$B par D$a'$ — DB, et $a$B par DB — D$a$, la dite relation pourra s'exprimer

$$Da' - DB : DB - Da :: Da' : Da.$$

Les trois quantités ici étant D$a'$, DB, D$a$ (distances du point D aux fig. 5. Si $a'B < Da'$, la relation ci-dessus exige qu'on ait $aB < Da$; dans ce cas le point $a'$ se trouvera sur le prolongement de DB du côté de B. Si aB > Da, il faut qu'on ait a'B > Da', ce qui ne peut avoir lieu qu'en supposant le point a' sur le prolongement de DB du côté de D.

fig 14 Si $aB = Da$, la même relation exige qu'on ait $a'B = Da'$; et réciproquement. Mais alors, des transversales telles que DB, *bd* et bd, ne pouvant se rencontrer qu'à ∞, sont parallèles : résultat qui vérifie ceux des nos 4, 10 et 11.

fig 4. Enfin si *a*B, par exemple, augmente ou diminue, pour que la relation ne soit point détruite, il faut qu'un des deux termes, D*a* ou *a'*B, augmente ou diminue dans le même rapport; mais les points B, D, étant fixes, D*a* ne pourra ni augmenter ni diminuer en même temps que *a*B; donc ce sera *a'*B. Il suit de là que les deux points *a*, *a'*, ont, relativement à BD, une dépendance telle, que le déplacement de l'un entraîne nécessairement celui de l'autre : voilà pourquoi on les nomme *points harmoniques* par rapport à BD.

---

trois autres, *a*, B, *a'*), on voit que la première moins la deuxième est à la deuxième moins la troisième, comme la première est à la troisième; donc la relation *B* est harmonique. Vous pouvez transposer les points *a'*, *a*, ou B, D; vous pouvez substituer B, D, à la place de *a'*, *a*, et réciproquement, sans que la proportion soit détruite. On la nomme *harmonique*, parce que les rapports qu'elle exprime font la base de l'*échelle* ou *gamme diatonique*, nom qu'on donne à la série des sons (*ut*, *ré*, *mi*, *fa*, *sol*, *la*, *si*) de la musique des peuples civilisés.

Nous définirons une proportion harmonique, *égalité du rapport géométrique de deux quantités, et du rapport des différences de chacune de ces quantités avec une troisième.*

Une suite de quantités, *a*, *b*, *c*, *d*, etc., sont en *progression harmonique*, lorsque trois d'entre elles prises consécutivement, forment une proportion harmonique.

La relation *B* nous fait voir encore que les points B, D, se trouvent à l'égard de la droite *a'a* dans la même dépendance que les points *a'*, *a*, à l'égard de BD ; d'où il résulte que les points B, D, sont harmoniques par rapport à la droite *a'a*. Cette droite formant par construction avec BD une seule et même ligne, on peut en conclure qu'*étant donné sur l'alignement de deux points connus, un troisième ;* l'harmonique *du point donné est déterminé et unique.* fig. 4

**15**. Soit pris à volonté un point *a'* sur le prolongement fig 6
de DB. Tracez une transversale, *bda'*, qui rencontre DB*a'* en *a'*. On a vu (n° 13) que le point *a*, harmonique de *a'*, se détermine au moyen d'une droite menée par le sommet A de l'angle donné, et l'intersection S des diagonales qui fixent la position des transversales DB*a'*, *bda'* ; le point *a* ici étant unique, la direction d'une droite telle que AS*a* est unique aussi, et par conséquent indépendante des transversales issues de *a'*.

Cela posé, considérons *a'*BD comme la réunion de deux transversales dont l'une immobile ; tandis que l'autre, pivotant sur *a'*, occupe successivement les positions *a'db*, *a'*db, etc., soit au-dessus soit au-dessous de *a'*BD.

Les deux transversales étant réunies, les points *a*, S. qui par construction se trouvent dans un même alignement avec A, seront confondus en *un* point. Dès que le mouvement commencera, le point S se détachera de *a* pour marquer l'intersection des diagonales B*b*, D*d*, si la transversale mobile s'arrête en *a'db ;* où des diagonales Bb, Dd, si elle s'arrête en *a'*db au lieu de *a'db ;* ou enfin des diagonales *b*d, d*b*, si, avant d'arriver en *a'*db, la transversale laisse la trace de son passage en *a'db*. Mais, déterminant la position du point fixe *a*, le point S ne pourra dans aucun cas s'écarter de la direction A*a*. Que si la transversale mobile arrive jusqu'en A, on conçoit qu'elle aura passé par tous les points appartenants aux deux côtés fig 6 de l'angle donné, en même temps que l'intersection S aura parcouru toute la droite A$a$. Par conséquent :

*Les diagonales résultant de la jonction réciproque des points déterminés sur les côtés d'un angle donné par des transversales issues d'un point pris à volonté au dehors du même angle, se coupent toutes, deux à deux, sur une même droite passant par le sommet de l'angle et* l'harmonique *du point donné.*

Réciproquement, *étant donné un angle ; si une série quelconque de droites menées alternativement d'un côté à l'autre et jointes par leurs extrémités, soit successivement soit aux deux points de départ, se coupent deux à deux sur une même ligne passant par le sommet de l'angle donné; ces droites déterminent par leur rencontre avec les côtés de l'angle, la position des transversales concourant toutes en* un *point extérieur.*

Car les intersections des diagonales qui, par leur rencontre avec les côtés de l'angle donné, déterminent la position des transversales *concourantes* (*), étant toutes dans un même alignement avec le point fixe $a$, lesdites transversales ne peuvent concourir qu'en un point harmonique de $a$; or ce point $a'$ est unique.

De même que l'intersection S, le point de division harmonique $a$ suivra le mouvement de la transversale pivotante, sans s'écarter de la direction invariable AS qui le détermine. Donc toute transversale qui, partant de $a'$ pour arriver au côté opposé de l'angle A, passera par un point de la droite A$a$, aura en ce point même l'harmonique de $a'$, par rapport à l'angle donné A.

Cette propriété remarquable a fait donner à la droite A$a$ le nom de *polaire* du point $a'$, et à celui-ci le nom de *pôle* de la droite A$a$.

---

(*) On nomme *concourantes* deux ou plusieurs transversales, ayant le point de concours $a'$ commun.

En supposant qu'une transversale parallèle à DB$a'$, coupe les quatre droites AD, A$a$, AB et A$a'$, prolongées au besoin; il est clair que ces droites diviseront la parallèle proportionnellement à DB$a'$, par conséquent, harmoniquement. Ainsi A$a$, polaire du point $a'$, sera aussi la polaire du point d'intersection de la parallèle et de la droite A$a'$; or, la parallèle pouvant être menée à une distance quelconque de DB$a'$, il s'ensuit que tout point de A$a'$ aura pour polaire A$a$. fig 6

Résumant toutes les considérations ci-dessus, on arrive à cette conclusion générale :

*Si l'on coupe les deux côtés d'un angle quelconque par deux ou plusieurs transversales concourant en un point extérieur pris à volonté, ou issues d'un point commun donné au dehors de l'angle; la polaire du point de concours, et les deux côtés de l'angle divisent chaque transversale en proportion harmonique.*

**Remarque.** La droite A$a$, polaire du point $a'$, est elle-même divisée harmoniquement aux points a, S. Car si l'on considère AD, A$a$, AB, comme transversales concourant en A, et le pôle $a'$ comme sommet de l'angle donné; une droite menée par ce sommet et l'intersection S des diagonales B$b$, D$d$, serait la polaire du point A, et diviserait avec les côtés $a'$BD, $a'db$, chaque transversale issue de A, en proportion harmonique. Par conséquent : fig 4.

*Toute intersection* S *des diagonales qui, par leur rencontre avec les deux côtés d'un angle donné,* A ou $a'$, *fixent la position de deux concourantes, constitue avec le sommet du même angle deux points harmoniques relativement aux deux autres* (a, $a$, par exemple), *situés dans le même alignement, et déterminés par l'intersection de celui-ci et desdites concourantes.*

On verra plusieurs applications de ce principe.

**16.** Les droites telles que AB et AD, ou A$a$ et A$a'$, sont fig. 6.

fig. 6. dites *droites conjuguées* par rapport à l'angle A ; elles ont la dépendance des points harmoniques auxquelles elles correspondent, d'où il suit qu'on détermine l'une dès qu'on connaît la direction de l'autre. Réunies à quatre, les droites AD, A$a$, AB et A$a'$ constituent ce qu'on appelle le *faisceau harmonique.*

Vous pouvez admettre comme étant déjà démontrées les propriétés caractéristiques d'un faisceau, savoir :

1° *Si l'on coupe un faisceau par une transversale menée à volonté, les quatre points d'intersection sont harmoniques.*

2° *Si l'on fait concourir en un point les droites issues des quatre points harmoniques, ces droites forment un faisceau harmonique.*

3° Il résulte des deux propositions ci-dessus qu'*étant menées par le sommet d'un triangle donné deux droites qui coupent la base, prolongée au besoin, en segments proportionnels ; ces droites sont* conjuguées *par rapport au sommet du triangle :* autrement dit, *elles forment avec les deux autres côtés du triangle,* un faisceau harmonique.

**17.** La relation *B* coordonnant la distance d'un des quatre points $a'$, B, $a$, D, aux trois autres, fournit le moyen d'en déterminer une, dès qu'on connaît les deux autres.

En effet, soit

$$\mathrm{D}a' : \mathrm{D}a :: a'\mathrm{B} : a\mathrm{B}.$$

Intervertissant l'ordre des moyens, il vient

$$\mathrm{D}a' : a'\mathrm{B} :: \mathrm{D}a : a\mathrm{B}.$$

De là, *dividendo,*

$$\mathrm{D}a' - a'\mathrm{B} : \mathrm{D}a' :: \mathrm{D}a - a\mathrm{B} : \mathrm{D}a.$$

Remplaçant $\mathrm{D}a' - a'\mathrm{B}$, par $\mathrm{D}a + a\mathrm{B}$,

$$\mathrm{D}a + a\mathrm{B} : \mathrm{D}a' :: \mathrm{D}a - a\mathrm{B} : \mathrm{D}a.$$

Donc,

$$\mathrm{D}a' = \mathrm{D}a\left(\frac{\mathrm{D}a + a\mathrm{B}}{\mathrm{D}a - a\mathrm{B}}\right). \quad . \quad . \quad . \quad . \quad . (C)$$

Si, au lieu de prendre la différence des deux premiers termes au premier, on prend cette différence au deuxième terme, on aura fig. 6.

$$\mathrm{D}a' - a'\mathrm{B} : a'\mathrm{B} :: \mathrm{D}a - a\mathrm{B} : a\mathrm{B};$$

ou,

$$\mathrm{D}a + a\mathrm{B} : a'\mathrm{B} :: \mathrm{D}a - a\mathrm{B} : a\mathrm{B}.$$

Donc,

$$a'\mathrm{B} = a\mathrm{B}\left(\frac{\mathrm{D}a + a\mathrm{B}}{\mathrm{D}a - a\mathrm{B}}\right); \quad . \quad . \quad . \quad . \quad . \quad (D)$$

c'est-à-dire que pour avoir la distance entière D$a'$, il faut diviser par leur différence, la somme des portions que détermine sur la base BD la polaire A$a$, et multiplier le quotient par la portion D$a$ non contiguë au prolongement de la base; tandis qu'en multipliant ledit quotient par la portion contiguë $a$B, on obtient la distance du prolongement $a'$B. Or, en vertu de la relation *B*, de quelque côté que soit situé le point $a'$, la portion contiguë au prolongement sera plus petite que la non contiguë. D'après cela, si l'on désigne par $P$ la *portion* plus grande D$a$, par $p$ celle plus petite $a$B; par $L$ la *longueur* entière D$a'$, par $l$ la *longueur* du prolongement $a'$B; les formules *C*, *D*, pourront être exprimées plus brièvement, et de manière à les graver promptement dans la mémoire : ainsi la première équivaut à

$$L = P\left(\frac{P + p}{P - p}\right);$$

la seconde à

$$l = p\left(\frac{P + p}{P - p}\right).$$

Telles sont les propriétés fondamentales des transversales rectilignes. On peut en tirer d'autres conséquences qui permettent de résoudre très-simplement certaines propositions relatives à la mécanique et à la perspective. Ces matières n'entrant pas dans le cadre de notre travail, nous renvoyons à cet égard aux auteurs indiqués dans l'Introduction.

# DEUXIÈME PARTIE.

## PROBLÈMES.

**18.** Nous avons dit en commençant que les constructions obtenues à l'aide des seuls jalons sont fondées : les unes sur les principes de la géométrie élémentaire proprement dite, les autres sur les propriétés des transversales. Quelque méthode qu'on emploie, on aura soin de planter les jalons verticalement ; c'est le moyen de faciliter les alignements et de les rendre plus exacts. De plus, la théorie supposant chaque construction dans un plan unique, que pour plus de simplicité nous supposerons horizontal, il faut que les points pris à une hauteur quelconque des jalons, puissent être considérés comme contenus tous dans un plan parallèle à celui du terrain ; ce qui exige que les jalons soient perpendiculaires à ce plan. Aussi, pour s'en assurer, chaque aide devra-t-il être muni d'un fil à plomb (*voir* la IIIe partie, n° 76).

Le secours de deux aides abrége l'opération et diminue les causes d'erreur, en permettant de réduire le nombre de jalons. Le moyen de diminuer les causes d'erreur encore davantage, c'est de tracer d'abord les alignements sur le papier, de numéroter leurs intersections, et de placer les jalons d'après les numéros d'ordre du croquis.

On donne aux constructions le plus d'étendue possible; car il est bien plus facile de placer exactement de nouveaux jalons, lorsque ceux qui déterminent un alignement sont éloignés l'un de l'autre : les premiers jalons étant presque toujours placés à volonté, il sera aisé, pour observer le précepte ci-dessus, de subordonner le tracé à la configuration du terrain sur lequel on opère. Quant à la manière de jalonner, et de déterminer les points de concours ou d'intersection, on la trouvera détaillée III^e partie, n^os 64 à 66.

Dans les figures relatives aux problèmes, on voit certaines lettres accompagnées de chiffres, d'autres qui ne le sont pas : celles-ci représentent les signaux indicateurs des droites et des points donnés, ou bien elles servent à la démonstration; les premières représentent les jalons appartenants aux lignes de construction ; tandis que les chiffres désignent l'ordre à suivre dans le placement desdits jalons.

Pour ne pas confondre les données et les résultats avec les opérations secondaires, nous marquons par des traits fins et continus, tels que ————————————, les données et les lignes de résultat; par de petits points, tels que. . . . . . . . . , les lignes de construction; et lorsque ces dernières appartiennent à des opérations différentes , nous les distinguons au moyen de traits interrompus — — — — — — — —, ou séparés par un point — · — · — · — · — · —, etc., etc., etc.

**19.** PROBLÈME I. *Déterminer la distance* directe *de deux points dont un inaccessible.*

Ce problème renferme deux cas : le point inaccessible pourra être aperçu du point donné, ou ne pourra pas l'être; par exemple, les deux points seront séparés par une rivière, un marais, ou bien par un bois, une montagne ou un obstacle artificiel.

*Premier cas.* Déterminer la distance directe de deux points A, *a*, qu'on suppose séparés par une rivière. fig. 7.

**Solution par les transversales.** Plantez les deux premiers jalons en B, D, dans un même alignement avec le point accessible *a*; un 3e jalon en S, pris à volonté sur A*a*; un 4e en *b*, à la rencontre des alignements DA et BS; un 5e en *d*, à la rencontre de BA et DS; enfin un 6e en a, intersection de *a*A et *bd*.

La droite A*a* passant par l'intersection des diagonales B*b* et D*d*, est la polaire du point de concours des transversales *bd*, DB; donc les quatre points A, S, a, *a*, sont harmoniques (n° 15, *remarque*). Supposant S*a* = 144 mètres, Sa = 96 mètres, on aura par la formule *C* (n° 17),

$$Aa = \left(\frac{144 + 96}{144 - 96}\right) 144 = 720 \text{ mètres } (*).$$

Ce problème trouve, entre autres, son application dans le cas suivant : Une pièce d'artillerie étant placée en *a*, pour battre le point A, on demande quelle est la distance du but?

Le même procédé peut servir à déterminer la largeur d'une rivière sur laquelle on se propose de jeter un pont. Dans ce cas, A serait un point remarquable, tel qu'un arbre, un buisson, une pierre, choisi sur la berge de la rive opposée; *a* serait un jalon placé du côté de l'observateur, de manière à avoir la droite A*a* autant que possible perpendiculaire aux deux rives : le tracé achevé, il faudra retrancher de la distance entière A*a*, celle du jalon *a* à la berge de la rive accessible.

Cependant le point *a* pourrait être situé au pied d'une pente. Le cas échéant, on donnera la préférence à la construction suivante :

---

(*) On trouvera, à l'article *Projections*, la manière de résoudre ce problème au moyen du dessin; c'est-à-dire. par la méthode *graphique*.

fig. 8 Soit à mesurer la distance $a'$B. — Plantez un premier jalon en un point D quelconque, sur le prolongement de $a'$B; un 2e hors de cet alignement, en $d$ par exemple ; un 3e en $b$, sur le prolongement de $a'd$ (*); un 4e en A, point de concours des alignements D$b$, B$d$; un 5e en S, intersection de B$b$ et D$d$; enfin un 6e en $a$, à la rencontre de D$a'$ et AS.

A$a$, étant par construction la polaire du point $a'$, divise, avec les côtés de l'angle A, la transversale DB$a'$ en proportion harmonique ; ainsi, pour évaluer la distance $a'$B, il suffit de mesurer BD, et de remarquer en passant les longueurs $a$B et $a$D. Soit $a$B = 65mèt,33, D$a$ = 98 mètres, la formule $D$ (n° 17) donnera

$$a'B = 65{,}33\left(\frac{98 + 65{,}33}{98 - 65{,}33}\right) = 326{,}65 \text{ mètres.}$$

**Solution par la géométrie élémentaire.** Soit
fig. 9. à mesurer AB. — D'un point C, pris à volonté sur le prolongement de AB, portez dans la direction CE, tracée plus ou moins perpendiculairement à la droite donnée AB, deux fois une longueur arbitraire CD : soit DE = CD. Prolongez BD d'une quantité DF = BD, et déterminez par des coups d'essai le point O, intersection des alignements AD, EF : vous aurez FO = AB. Donc pour connaître la distance demandée, il suffira de mesurer FO.

**Démonstration.** Les triangles BDC, EDF, étant

(*) Quoique choisis arbitrairement, les points D, $d$, $b$, doivent être disposés de manière que les droites D$b$, B$d$ qu'ils déterminent, puissent, étant prolongées, se rencontrer dans les limites assignées à l'opération. On y parvient en plaçant le 3e jalon plus près du 2e que ne l'est le premier du point donné B ; plus la différence des longueurs DB, $bd$, sera sensible, moins l'angle A sera aigu. L'observation de cette règle est rigoureuse toutes les fois qu'il s'agit de fixer le point de concours de deux transversales.

égaux par construction, on a l'angle DBC = DFE, comme opposés aux côtés égaux; donc DBA, supplémentaire de DBC, est égal à DFO, supplémentaire de DFE. De là l'égalité des triangles ABD, FDO, comme ayant un côté égal adjacent à deux angles égaux chacun à chacun. fig. 9.

Nous avons cité cet exemple pour faire ressortir les avantages de la première méthode; car on remarquera qu'ici, ce n'est pas la solution définitive seule, c'est la construction qui exige la mesure de plusieurs lignes.

Enfin, lorsque le terrain est bien de niveau, ou qu'on ne tient pas à une approximation précise, on peut résoudre le même problème d'une manière plus expéditive encore.

Soit à mesurer AB. — Plantez en un point C quelconque, fig 10
sur le prolongement de AB, un jalon CD d'une hauteur connue, de $1^{m\cdot}$,50, par exemple; puis, en B, extrémité de la droite donnée, un 2e jalon BE que vous enfoncerez dans la terre jusqu'à ce que le rayon visuel dirigé par les sommets D, E, aille aboutir au point A. Prenez un 3e jalon égal en longueur au 2e, et, dans une direction arbitraire (nous avons pris le prolongement de AB pour donner plus de clarté au dessin) à la distance CF = BC, enfoncez-le à la même profondeur que BE, pour avoir la partie FO = BE; alors, dirigeant par les sommets D, O, un rayon visuel qui rencontre le terrain en un point G, ce point marqué, vous aurez à mesurer FG, distance égale à la droite donnée AB.

**Démonstration.** Les trois jalons BE, CD, FO, étant plantés verticalement, sont parallèles; donc les triangles ACD, ABE, de même que GDC et GOF, sont équiangles et semblables : les deux premiers donnent

$$AC : AB :: CD : BE;$$

les deux autres,

$$GC : GF :: CD : FO.$$

fig. 10. Mais FO = BE ; donc ces deux proportions contiennent le même rapport CD : BE, et l'on peut en conclure

AC : AB :: GC : GF.

De là résulte, *dividendo,*

AC — AB : AB :: GC — GF : GF;

ou,

BC : AB :: CF : GF.

Les antécédents BC, CF, étant égaux, les conséquents le sont aussi; et l'on a AB = GF, ce qu'il fallait démontrer.

fig. 11. **20.** *Deuxième cas.* Déterminer la distance directe de deux points *a'*, B, séparés par un bois.

**Solution par les transversales.** Le point *a'* ne pouvant être aperçu du point B, il n'y a pas moyen de débuter par le placement d'un jalon sur le prolongement de *a'*B; la construction 8 devra par conséquent subir une modification.

Prenez hors de l'alignement *a'*B un point *d*, d'où vous puissiez découvrir les deux points *a'*, B, et plantez-y un premier jalon; puis un 2e et un 3e en b et A, sur le prolongement de B*d*; un 4e en d, sur le prolongement de *a'*b; un 5e en *b*, à la rencontre de Ad et *a'd*; un 6e en *s*, intersection de *b*b et *d*d ; un 7e en S, intersection de As et *b*B ; un 8e en D, à la rencontre des alignements A*b*, *d*S ( ce jalon se trouvera par construction sur l'alignement *a'*B); enfin un 9e en *a*, intersection de AS et DB.

Ce tracé repose sur les considérations des nos 14 et 15. La transversale *a'*BD étant divisée harmoniquement aux points B, *a*, par la polaire A*a* et les côtés de l'angle A, on détermine *a'*B par la formule *D* (no 17).

fig 12. **21.** PROBLÈME II. *Par un point donné d, mener une parallèle à une droite* BF, *accessible soit par une de ses extrémités, soit par les deux.*

**Solution par les transversales.** Portez sur la

droite donnée, allant de B, deux fois une longueur arbitraire B$a$ (soit $a$D = $a$B); prenez sur le prolongement de B$d$ un point A quelconque. Ayant marqué les points $a$, D, A, placez un 4e jalon en S, intersection de A$a$ et D$d$; puis un 5e en $b$, à la rencontre des droites AD, BS : les points $b$, $d$, déterminent la position de la parallèle demandée; car la transversale A$a$ passant par l'intersection des deux autres transversales, B$b$, D$d$, et le point $a$ milieu de la base, les côtés AB, AD, se trouvent divisés en segments proportionnels aux points $d$, $b$ (théorème II, corollaire 2, n° 10). fig 12

On remarquera que cette construction n'exige pas de mesure graduée.

Si la droite donnée est accessible par les deux extrémités, le problème peut être résolu à l'aide du calcul.

Soit donné le point D, par lequel on veut mener une parallèle à la droite BC accessible par B, C. — Prenez sur le prolongement de CD un point A quelconque; ce point détermine avec la droite donnée, le triangle ABC. Portez de A en B une longueur, A$x$ par exemple, calculée suivant la formule fig 13

$$\mathrm{A}x = \frac{\mathrm{AB} \, . \, \mathrm{AD}}{\mathrm{AC}} :$$

la ligne D$x$, menée par l'extrémité $x$ et le point donné, sera la parallèle demandée.

**Démonstration.** Transformant l'égalité précédente en proportion, on a

$$\mathrm{A}x : \mathrm{AB} :: \mathrm{AD} : \mathrm{AC};$$

donc les côtés AB, AC, se trouvent par construction divisés proportionnellement aux points $x$, D, ce qui ne pourrait avoir lieu si D$x$ n'était pas parallèle à la base du triangle ABC.

Pour fixer les idées, supposons qu'on ait trouvé par la mesure, AB = 237 mètres, AD = 142$^{\mathrm{m}\cdot}$,5, AC =

fig. 13. 285 mètres. Substituant dans la formule les longueurs trouvées, on aura

$$Ax = \frac{237 \times 142,5}{285} = 118^{m.},5.$$

Dans le cas où quelque obstacle ne permettrait pas de prolonger la droite DC vers A, on la prolongerait du côté opposé vers A'. De ce point, menez une ligne qui coupe BC en un point B' à volonté, et prenez ensuite

$$A'x = \frac{A'B' \cdot A'D}{A'C} :$$

D$x'$ sera la parallèle demandée ; car on aura

$$A'x : A'B' :: A'D : A'C.$$

fig. 14. **22. Solution au moyen des ombres et du dessin.** Soit à mener par le point $a$, une parallèle à la droite donnée AS. — Sachant qu'*observées au même instant,* deux ombres projetées par la lumière du soleil ou de la lune sont parallèles (*), plantez un jalon en A, et un autre de même longueur en $a$ (les deux jalons étant égaux et peu éloignés par rapport à la distance qui les sépare du

---

(*) L'explication de ce phénomène appartient à la physique ; cependant, lors même qu'étant prolongées les deux ombres se rencontreraient quelque part, cette rencontre ne pourrait avoir lieu qu'en un point de l'astre qui éclaire les deux jalons. Or la distance entre ces derniers étant très-petite relativement à celle qui les sépare de l'astre, les ombres, pour arriver au point de concours, se rapprocheraient d'une quantité si minime, qu'on peut la considérer comme nulle à proximité des points d'observation, et la négliger. Aussi, lorsqu'il s'agit de tracer sur le terrain deux ou plusieurs parallèles passant par des points arbitraires, il suffit de prendre deux ou plusieurs alignements sur une même étoile ; que si l'opération ne demande pas une certaine exactitude, on se contente de les prendre sur un objet très-éloigné, tel qu'une tour, un arbre placé sur une hauteur, etc., etc., etc.

Quant aux ombres, on exige qu'elles soient observées au même instant, à cause du déplacement constant de la terre.

corps lumineux, on a l'ombre AB = *ab*); marquez les points B, *b*; sur AS, prenez une longueur connue AD, et mesurez BD; alors, si vous construisez le triangle *abd*, en sorte que le côté *ad* = AD, et *bd* = BD, vous aurez *ad* parallèle à AD. fig 14.

**Démonstration.** Prolongez AB jusqu'à la rencontre de *ad* en *s*. Les deux triangles ABD, *abd*, étant égaux par construction, l'angle A = *a*; mais à cause des parallèles A*s*, *ab*, l'angle A*sa* = *a* = A; donc *ad* est parallèle à AS.

**23.** Si au lieu d'une parallèle, il y en avait deux de données, la solution du problème n'exigerait la mesure d'aucune ligne; ensuite, que le point donné *d* se trouve au dedans ou au dehors des parallèles, on procédera de la même manière : fig 15 et 15 *bis*.

Par le point *d* menez arbitrairement une droite qui coupe la première parallèle en B, la seconde en d; prenez sur le prolongement de cette droite un point A quelconque, et, par ce point, menez à volonté une nouvelle droite qui rencontre les mêmes parallèles respectivement en D. b; marquez par un jalon le point *s*, intersection des diagonales Dd, Bb; puis le point S, intersection des alignements D*d* et A*s*; enfin prolongez BS jusqu'à la rencontre de AD : le point de rencontre *b* détermine avec le point donné *d*, la direction de la parallèle proposée.

La solution de ce problème, fondée sur les nos 10 et 11, n'exigeant la mesure d'aucune ligne; si les points B, D, étaient remarquables, on pourrait les supposer inaccessibles.

**24.** Problème III. *Par un point donné b, mener une parallèle à une droite* inaccessible *dont on peut apercevoir deux points* B, D. fig 16

**Solution par les transversales.** Marquez par un premier jalon le point A pris à volonté sur le prolongement de D*b*; ce point déterminant avec la droite BD un fig. 16. triangle dans lequel le côté AD passe par le point donné, le problème se réduit à diviser le côté AB dans le rapport AD : A*b*.

A cet effet, placez arbitrairement un 2e jalon, en C par exemple; par le point *b*, au moyen de la construction n° 21, menez à la partie accessible de DC une parallèle qui rencontre en *c* l'alignement AC; par le point de rencontre *c*, menez à la partie accessible de BC une autre parallèle qui rencontre en *d* l'alignement AB : les points *d*, *b*, donnent la direction de la parallèle demandée.

**Démonstration.** Dans le triangle ADC, *bc* étant par construction parallèle à DC, on a

AD : A*b* :: AC : A*c*.

De même, dans le triangle ABC, *dc* étant parallèle à BC, on a

AB : A*d* :: AC : A*c*.

Ces deux proportions contenant un même rapport AC : A*c*, on peut en conclure

AD : A*b* :: AB : A*d*;

c'est-à-dire que les côtés AB, AD, sont divisés proportionnellement aux points *d*, *b* : autrement dit, *bd* est parallèle à BD.

fig 16 *bis* A côté de la figure précédente, on voit représenté le tracé complet. Les lettres y correspondent à celles de la *fig*. 16, et les chiffres à ceux de la *fig*. 12; chaque construction préparatoire est distinguée par des traits différents : la partie du milieu, marquée CA3*b*01C, se rapporte à la parallèle *bc*, la partie inférieure à gauche, marquée 253*c*0C2, se rapporte à la parallèle 5*c* dont *cd* est le prolongement.

fig. 13. **Solution par le calcul.** Choisissez sur la droite inaccessible deux points remarquables B, C; marquez dans l'alignement d'un de ces points et du point donné D, un troisième point A quelconque. Après avoir mesuré la longueur AD, déterminez celles AB, AC, par un des procédés du n° 19 : la quatrième proportionnelle vous indiquera à quelle distance du point A, la parallèle demandée coupera le côté AB. fig. 13

**25.** PROBLÈME IV. *Par un point A, donné sur une droite AC, élever une perpendiculaire à cette droite.* fig 17

**Solution par la géométrie élémentaire.** Choisissez à volonté au-dessus de AC, un point F quelconque; prenant un cordeau de la longueur AF, fixez-en une extrémité en F, et tendez-le de manière que son autre extrémité aboutisse à la droite donnée, en E par exemple; jalonnez l'alignement EF, et prolongez-le d'une quantité FD = FE : le point D appartient à la perpendiculaire cherchée.

**Démonstration.** Les trois droites AF, FD, FE, étant égales par construction, on peut les considérer comme rayons d'un cercle dont F serait le centre, DE le diamètre; par conséquent l'angle EAD, qui aura pour mesure la moitié de ce cercle, est un angle droit (*).

**Solution par le calcul.** Soit donné sur une droite AD, un point B, par lequel on veut élever une perpendiculaire à cette droite. fig 18

Menez BF de manière qu'étant égale à BD, elle forme avec celle-ci un angle aigu; par les points D, F, tirez un alignement indéfini DFC; puis, ayant mesuré DF avec soin, prenez dans cet alignement

$$DC = \frac{2\overline{BD}^2}{DF}:$$

l'extrémité C détermine avec le point donné B, la position d'une droite perpendiculaire à AD.

**Démonstration.** Supposons construit le triangle

---

(*) *Legendre*, livre II, prop. 18, coroll. 3.

fig. 18. DBC rectangle en B ; si du sommet de cet angle on abaisse sur l'hypothénuse une perpendiculaire BE, on aura

$$DE : BD :: BD : DC \text{ (*)}.$$

Egalant le produit des extrêmes à celui des moyens,

$$DE \,.\, DC = \overline{BD}^2.$$

Mais BD étant par construction égal à BF, le triangle DBF est isoscèle, et la perpendiculaire BE divise la base DF en deux parties égales. Substituant dans l'égalité précédente $\frac{1}{2}$ DF à DE,

$$\tfrac{1}{2}\, DF \,.\, DC = \overline{BD}^2.$$

Divisant les deux membres par $\frac{1}{2}$ DF,

$$DC = \frac{2\overline{BD}^2}{DF}.$$

De là la construction.

Pour fixer les idées, soit BD = 60 mètres, DF = 72$^{m.}$; la formule ci-dessus donnera

$$DC = \frac{2\,(60)^2}{72} = \frac{7200}{72} = 100 \text{ mètres.}$$

**26.** Les deux derniers procédés peuvent servir encore :

1° *A construire un angle droit en un point donné sur une droite.*

2° *A élever une perpendiculaire à l'extrémité d'une droite qu'on ne peut prolonger.*

3° *A mener par un point donné sur la circonférence d'un* fig. 17. *cercle, une tangente à ce cercle.* Car soit supposé le point A sur la circonférence d'un cercle dont E serait le centre ; puisque AD est perpendiculaire à l'extrémité du rayon AE, elle sera tangente en A au cercle supposé.

4° *A tracer un carré dont la base est connue.* Supposez

(*) *Legendre*, livre III, prop. 23, n° 2.

construite AD perpendiculaire à AC, côté du carré pro- fig 17
posé ; prolongez AD en sorte qu'on ait AB = AC ; par les points A, F, tracez une droite indéfinie ; marquez le point O, intersection de cette droite et de l'alignement BC ; faites OJ = OA : l'extrémité J détermine avec les points B, C, la direction de deux autres côtés du carré demandé.

**Démonstration.** L'angle BAC étant droit, si l'on considère BC comme diamètre d'un cercle passant par les points B, A, C, et DE comme diamètre d'un cercle passant par les points D, A, E, les deux cercles se touchant intérieurement en A, auront leurs centres en ligne droite (*); or de ce que F est un de ces centres, l'autre ne peut être que O. Le triangle BAC étant isoscèle, AO est perpendiculaire à BC ; et puisque OJ = OA = OB = OC, les deux diagonales AJ, BC, sont égales et perpendiculaires l'une à l'autre ; donc ABJC est un carré (**).

On suivrait le même procédé pour construire un rectangle dont la base et la hauteur seraient connues. En supposant le côté AC égal à la base, on ferait AB égal à la hauteur.

**27.** PROBLÈME V. *D'un point donné* A, *abaisser une perpendiculaire sur une droite donnée* BJ, *en supposant accessibles le point* A *et la droite.*

**Solution par les transversales et la géomé-**

---

(*) *Legendre*, livre II, prop. 14, coroll.

(**) Pour fortifier en campagne des positions qui se trouvent exposées dans toutes les directions aux attaques de l'ennemi, on emploie un genre d'ouvrage nommé *redoute*. La forme la plus usitée pour les redoutes est celle d'un carré, comme étant d'une grande simplicité pour le tracé et pour l'exécution du travail. Puis, à contour égal, le carré est de tous les quadrilatères celui qui contient le plus d'espace ; ce qui assure aux défenseurs un grand avantage, tant pour l'établissement de la garde que pour les mouvements nécessaires à la défense.

fig 17. **trie élémentaire.** Par le point A, menez AC parallèle à BJ (n° 21); par le même point élevez une perpendiculaire à AC, et prolongez-la jusqu'à la rencontre de la droite donnée BJ : le point B, intersection des alignements AD et JB, fixera avec A la direction de la perpendiculaire cherchée (*).

fig 20. **Solution par le calcul.** Soit donné un point accessible A dont on veut abaisser une perpendiculaire sur la droite donnée BC. — Prenez sur la droite donnée deux points B, C, tels qu'en menant les droites AB, AC, les angles ABC, ACB, soient aigus ; faites ensuite

$$CF = \frac{\overline{BC}^2 + \overline{AC}^2 - \overline{AB}^2}{2BC} :$$

la droite AF sera la perpendiculaire demandée.

Si, après avoir d'abord choisi le point B, vous déterminez C en prenant BC = AB, la formule précédente se réduit à

$$CF = \frac{\overline{AC}^2}{2BC}.$$

---

(*) A propos de cette solution, nous croyons devoir signaler une erreur qu'on trouve dans l'*Instruction sur la Topographie*, par
fig 19. A. de T....; Paris, 1839 : « Au point donné, on élève un jalon OP de « grandeur quelconque; en un autre point C on élève un autre jalon « CD; on fait passer un rayon visuel par les points P et D, qui va « rencontrer la droite AB en un point B. Si l'on fait mouvoir le jalon « CD de C en E, direction parallèle à AB, jusqu'à ce qu'un rayon visuel « dirigé par le point P et le sommet F du jalon rencontre la droite « AB, on aura formé deux triangles rectangles égaux : donc PA et PB « seront des obliques qui s'écarteront également du pied de la per- « pendiculaire menée du point O sur la droite AB : donc si l'on prend « le point H, milieu de AB, OH sera la perpendiculaire demandée. » L'auteur retombe immédiatement dans la même erreur à propos de la solution du cas où le point donné serait inaccessible.

Pour démontrer la fausseté de ce procédé, supposons un nombre quelconque de jalons égaux plantés dans l'alignement CE. La droite

**Démonstration.** L'angle C étant aigu par construction, le carré du côté opposé AB est plus petit que la somme des carrés des côtés AC, BC, qui comprennent cet angle; que si l'on abaisse AF perpendiculaire à BC, la différence sera égale au double du rectangle BC . CF ; de sorte qu'on aura fig. 20

$$\overline{AB}^2 = \overline{AC}^2 + \overline{BC}^2 - 2BC \cdot CF \ (*).$$

Transposant d'une part $\overline{AB}^2$, d'autre part — 2BC . CF. il vient :

$$2BC \cdot CF = \overline{AC}^2 + \overline{BC}^2 - \overline{AB}^2.$$

Divisant les deux membres par 2BC,

$$CF = \frac{\overline{AC}^2 + \overline{BC}^2 - \overline{AB}^2}{2BC}.$$

Si BC = AB, on a

$$CF = \frac{\overline{AC}^2}{2BC}.$$

De là la construction.

**28.** Problème VI. *D'un point* inaccessible S, *abaisser une perpendiculaire sur une droite accessible* aF. fig. 21.

**Solution par les transversales.** Plantez un premier jalon en un point *d* pris à volonté sur la droite *a*F; par ce point, élevez une perpendiculaire *d*A d'une longueur quelconque, et faites *d*B = *d*A. Ayant marqué les points A, B, par un 2e et 3e jalon, plantez-en un 4e au

---

FD, menée par le sommet de ces jalons, détermine avec le point P une section triangulaire du plan PAB. Or, le côté AB formant l'intersection de ce plan avec celui du terrain, il est évident que les rayons visuels passant par le point P et les sommets des jalons, aboutiront tous à la droite AB, et l'observateur se trouvera dans l'embarras du choix. Pour que la solution fût exacte, l'auteur aurait dû trouver le moyen de faire mouvoir le jalon CD sur un arc de cercle dont OC serait le rayon. fig. 19.

(*) *Legendre,* livre III, prop. 12.

fig 21 point *a*, déterminé sur la droite donnée par le prolongement de AS ; puis un 5ᵉ en *b*, à l'intersection de *a*F et BS ; enfin un 6ᵉ en D, à la rencontre de A*b* et *a*B : la droite DS est la perpendiculaire demandée.

**Démonstration.** Supposons construite la droite DS perpendiculaire à F*a*, et par conséquent parallèle à AB. Si l'on considère cette droite comme une transversale passant par le sommet D du triangle ABD, et parallèle à la base AB, on aura par le théorème II, corollaire 1, nº 9,

$$Ab : bD :: aB : Da.$$

Si cette proposition est exacte, il faut, suivant le même corollaire, que la droite menée par les points *a*, *b*, divise le côté AB en deux parties égales. Or, par construction, *ab* est perpendiculaire sur le milieu de AB ; donc la supposition est vraie.

fig. 3. **29.** Problème VII. *D'un point donné* A, *abaisser une perpendiculaire à une droite* inaccessible *dont on peut apercevoir deux points* B, D.

**Solution par les transversales.** A l'aide du problème précédent, abaissez du point B, sur la portion accessible de la droite AD, la perpendiculaire B*b* ; et du point D, sur la portion accessible de la droite AB, la perpendiculaire D*d* ; marquez par un jalon le point S, intersection des deux perpendiculaires : la droite AS, prolongée jusqu'à la rencontre de la droite donnée, sera la perpendiculaire demandée.

Ce tracé est fondé sur le théorème II, corollaire 3, nº 12.

fig. 22. La *fig.* 22 représente l'opération complète. La construction B*b*6A*d*B se rapporte au tracé de la perpendiculaire B*b* ; la construction D*d*6A*b*D au tracé de la perpendiculaire D*d*. Les lettres ici correspondent à celles de la *fig.* 3, et les chiffres à ceux de la *fig.* 21. La lettre S marque le

point d'intersection des perpendiculaires abaissées du fig. 22
sommet des angles B, D, et détermine avec le sommet du troisième angle, A, la direction de la perpendiculaire cherchée. Les lettres *b*, a, *d*, doivent être considérées comme n'appartenant pas à cette construction.

**30.** PROBLÈME VIII. *D'un point donné* A, *évaluer la distance directe à une droite* inaccessible *dont on peut apercevoir deux points* B, D.

**Solution par les transversales.** Tracez au moyen du problème précédent, la direction de A*a* perpendiculaire à BD; marquez les points *b*, *d*, intersections des perpendiculaires B6, D6, et des côtés AD, AB; puis le point a, intersection des alignements *bd*, *a*A.

A*a* étant la polaire du point de concours des transversales DB et *bd*, se trouve divisée harmoniquement aux points a, S (n° 15, remarque). Ainsi on calculera A*a* par la formule *C* (n° 17).

**31.** PROBLÈME IX. *Déterminer la distance* directe *de deux* fig 23
*points inaccessibles.*

Ce problème comprend deux cas : l'observateur pourra, ou ne pourra pas, se placer dans l'alignement des points donnés.

*Premier cas.* Soit à mesurer la distance directe des points *a*′, a′, inaccessibles pour l'observateur B.

**Solution par les transversales.** Ayant exécuté, conformément aux principes établis ailleurs, le tracé relatif à la distance a′B, si vous déplacez le jalon d en *d*, intersection des alignements AB, b*a*′, le point S tombera en *S*, et entraînera le déplacement du point a en *a*. Les segments aB, aD, déterminés par la polaire du point a′, serviront à calculer a′B; ceux *a*B, *a*D, déterminés par la polaire de *a*′, serviront à trouver *a*′B : la différence a′B — *a*′B fera connaître la valeur de a′*a*′.

Remarquez que la solution de ce problème exige la me-

Fig. 23 sure d'une seule droite, BD ; ensuite, il suffit de noter en cheminant les longueurs *a*B et aB, pour avoir celles D*a* et Da (*).

Fig. 24 **32.** *Deuxième cas.* Soit à mesurer la distance directe des points inaccessibles *B, D,* dont la position ne permet pas à l'observateur A de se placer dans leur alignement.

**Solution par la géométrie élémentaire.** Tracez par le point A une droite S*S,* plus ou moins perpendiculaire à *BD ;* portez sur cette droite, de chaque côté de A, une longueur A*S* quelconque (soit AS = A*S*) ; par le même point A, menez p*p* perpendiculaire à S*S*. Ayant marqué les trois points S, A, *S,* placez un 4ᵉ jalon en *o,* intersection du prolongement de *BS* et de la perpendiculaire p*p;* un 5ᵉ en o, à la distance Ao = A*o;* enfin un 6ᵉ en B, point de concours des alignements *B*A et pS. — Pour trouver le point D, prolongez *DS* jusqu'à la rencontre de p*p;* faites A*p* = Ap, et déterminez D en fixant le point de concours des alignements *D*A et *p*S : BD étant parallèle et égale à *BD,* on connaîtra celle-ci, en mesurant l'autre.

**Démonstration.** Puisque A*S* = AS, et A*p* = Ap, on a p*S* parallèle à *p*S, et l'angle Ap*D* = A*p*D. Ainsi les triangles A*D*p, AD*p,* ayant un côté égal adjacent à deux angles égaux chacun à chacun, sont égaux ; et particulièrement, A*D* = AD : on démontrerait par un raisonnement semblable que A*B* = AB. De là l'égalité évidente des triangles *BAD,* BAD ; par conséquent *BD* = BD, et, de ce que l'angle A*DB* = ADB, on a de plus *BD* parallèle à BD.

Donc en mesurant BD, vous connaîtrez la distance des points inaccessibles *B, D;* en mesurant AB ou AD, vous connaîtrez la distance A*B* ou A*D*.

---

(*) On trouvera à l'article *Projections,* la manière de résoudre ce problème par la méthode graphique.

**33.** Si la nature du terrain ne permet pas de prolonger les alignements *B*A, *D*A, il faut employer la construction suivante : fig. 24.

Soit à mesurer la distance des points inaccessibles B, D, en supposant l'observateur placé en A. fig. 16

**Solution par les transversales.** Par un point *b*, pris à volonté sur AD, menez *bd* parallèle à BD (nº 24). Les triangles semblables A*bd*, ADB, donnent

$$\mathrm{A}b : \mathrm{AD} :: bd : \mathrm{BD};$$

donc

$$\mathrm{BD} = \frac{\mathrm{AD} \,.\, bd}{\mathrm{A}b}.$$

Remplaçant AD par A*b* + *b*D, on a

$$\mathrm{BD} = \frac{\mathrm{A}b + b\mathrm{D}}{\mathrm{A}b}\, bd.$$

Si l'on considère AD, CD, comme des transversales qui coupent les deux côtés de l'angle donné CA3*b*0, il est clair que la droite 3*a*1, polaire du point D, divise avec les côtés C3, 3*b*0, chacune desdites transversales, en proportion harmonique. Ainsi on aura suivant le nº 17, fig. 16 bis

$$b\mathrm{D} = \frac{ab + a\mathrm{A}}{ab - a\mathrm{A}}\, a\mathrm{A}.$$

Ayant ensuite mesuré *bd*, on déterminera la valeur de BD, en substituant dans la formule les longueurs trouvées.

Ce problème trouve son application dans le cas suivant : BD étant supposée le front d'un camp ennemi, on demande à connaître, 1º son étendue ; 2º sa distance au point donné A ; 3º sa direction par rapport au même point (la direction se trouve indiquée *fig.* 16 *bis*, par la parallèle *bd*; *fig.* 24, par la parallèle BD).

**34.** Problème X. *Prolonger une droite bd au delà d'un obstacle* F *qui ne permet pas à l'observateur a, placé dans la direction de la droite donnée, d'en découvrir deux points.* fig. 2

Fig. 2 L'opération ici consiste à déterminer au delà de l'obstacle F, le point de concours de *bd* et d'une droite telle que DB.

**Solution par les transversales et le calcul.** Choisissez hors de la droite donnée, un point A d'où vous puissiez apercevoir les deux extrémités *b*, *d*; marquez dans le prolongement de A*b* et A*d*, deux points, D, B, de sorte qu'étant prolongée, la direction DB puisse, sans être arrêtée par l'obstacle, rencontrer *bd*. En supposant *a* le point de rencontre, si l'on considère *bda* comme transversale par rapport aux trois côtés du triangle ABD, on a par le théorème I,

$$Ab \,.\, Bd \,.\, Da = aB \,.\, bD \,.\, dA.$$

Remplaçant D*a* par *a*B + BD, il vient

$$Ab \,.\, Bd\,(aB + BD) = aB \,.\, bD \,.\, dA.$$

Transportant de gauche à droite A*b* . B*d* . *a*B, on a

$$Ab \,.\, Bd \,.\, BD = aB \,.\, bD \,.\, dA - Ab \,.\, Bd \,.\, aB\,;$$

ou, ce qui revient au même,

$$Ab \,.\, Bd \,.\, BD = aB\,(bD \,.\, dA - Ab \,.\, Bd).$$

D'où l'on tire

$$aB = \frac{Ab \,.\, Bd \,.\, BD}{bD \,.\, dA - Ab \,.\, Bd}.$$

Donc si l'on mesure AB, AD et BD, et qu'on a soin de remarquer en passant les longueurs A*b* et *b*D, puis B*d* et *d*A, on trouvera *a*B par la formule ci-dessus. Alors, portant cette longueur de B en *a*, dans le prolongement de DB, vous déterminerez la position du point de concours des alignements DB et *bd*.

Si le terrain traversé par la droite *bd* n'était accessible que d'un côté, on emploierait la construction n° 2 *bis*.

Un seul point ne suffisant pas pour tracer le prolongement de la droite *bd*, qu'on suppose soustraite à la vue par l'obstacle F, vous déterminerez un deuxième point *a*, en déplaçant un peu le jalon B, sans sortir de l'alignement

A*d*; puis, ayant mesuré derechef les segments B*d* et BD, vous substituerez dans la formule les valeurs trouvées. On s'assure de l'exactitude de l'opération, en cherchant un 3ᵉ et un 4ᵉ point *a* : tous devront se trouver dans un même alignement. fig. 2.

Quoique simple, ce procédé nécessite la mesure de plusieurs lignes, et suppose accessibles les points *b*, *d*; le tracé ci-dessous n'imposant pas cette condition, et ayant l'avantage de pouvoir être obtenu au moyen des seuls alignements, nous semble de beaucoup préférable : car, quelque nombreux que soient ces derniers, on les prend avec plus de célérité, et les résultats qu'ils donnent sont plus exacts.

Soit à prolonger au delà d'un obstacle la droite DB supposée inaccessible. — Choisissez dans la campagne un point A d'où vous puissiez apercevoir deux points de la droite donnée BD; plantez un premier jalon en A, un 2ᵉ en *b*, pris à volonté sur AD; un 3ᵉ en *d*, pris sur AB (les jalons *b*, *d*, seront placés de manière qu'étant prolongée. la direction *bd* puisse rencontrer le prolongement de DB, sans être arrêtée par l'obstacle). Plantez un 4ᵉ jalon en S. intersection de B*b* et D*d*; un 5ᵉ sur A*b*, en d par exemple; un 6ᵉ en *s*, intersection de AS et d*d*; un 7ᵉ en b, intersection de A*d* et *bs*; enfin un 8ᵉ en *a'*, au concours des transversales *bd* et db : ce point sera l'un des deux points cherchés; car les diagonales qui fixent la position des transversales DB*a'*, *bda'*, db*a'*, se coupent toutes sur une même droite AS qui est la polaire du point *a'* (nº 15). fig. 25

Pour trouver un deuxième point, *a''*, vous répéterez le même tracé. Les jalons 1, 5, 2, pourront être utilisés dans la seconde opération; tous les autres devront être déplacés plus ou moins, selon la direction que vous voudrez donner aux transversales *bda''*, db*a''*.

**Remarque.** On a recours à la construction ci-dessus lorsqu'il s'agit, par exemple, de prolonger une route au fig 25 delà d'un obstacle momentané, tel qu'une habitation à démolir, un bois à percer, etc., et qu'on a intérêt à ne point différer les travaux. Le même tracé trouve encore son application dans l'attaque des places fortes, lorsqu'on veut établir une batterie qui prenne en flanc une des batteries de la place. Dans ce cas, la détermination d'un seul point suffit ; car il est bien entendu qu'alors, considérant l'obstacle entre B et *a'* comme non existant, le point B sera visible du point trouvé. Si l'observateur placé dans le champ du tir peut apercevoir deux des bouches à feu dont l'ouvrage est armé, il les emploiera comme base de la construction ; mais si la face qu'on veut prolonger ne présente distinctement aucun point (tel est entre autres le cas lorsque les pièces dont la batterie est armée ne tirent qu'à ricochet), on utilisera les sillons tracés sur le terrain par les boulets de la place. Supposons BD la face d'une batterie ennemie : pour avoir la droite AB, vous choisirez deux sillons tracés par des projectiles partis du point B ; et, pour avoir la droite B*b*, deux autres sillons tracés dans cette direction par des projectiles tirés du même point. Si l'on a des données analogues pour marquer la direction de deux droites, telles que AD et D*d*, par exemple, passant par la bouche d'une seconde pièce, on aura les conditions nécessaires pour la solution du problème qui est d'un usage fréquent à la guerre.

fig 26. **35.** Problème XI. *Tracer un alignement qui passe par un point donné* b *et l'intersection de deux droites,* DB*a'*, *bda'*, *dont la direction est connue, mais dont le point de concours a' est invisible du point donné.*

Que le point donné se trouve au dedans (*fig.* 26), ou au dehors des deux droites données (*fig.* 25), la construction est à peu près la même.

*Premier cas.* Soit situé le point b au dedans des droites DB, *bd*.

**Solution par les transversales.** Supposant marqués les points B, D, *b*, *d*, pris arbitrairement sur les droites *a'*D, *a'b*, mais en sorte que D, *b*, se trouvent dans un même alignement avec le point donné b; placez un premier jalon en A, au concours des alignements D*b* et B*d*; un 2e en *s*, intersection de B*b* et D*d*; un 3e en S, intersection de A*s* et Bb; enfin un 4e en d, à la rencontre du prolongement de DS et A*d*: la direction demandée est celle bd. fig 26

En effet, les droites de jonction qui fixent la position des transversales DB, bd et *bd*, se coupent toutes sur une même droite AS; donc elles ont le point de concours commun.

**Remarque.** Le même procédé s'emploie dans le tracé des cartes. Souvent il arrive qu'on a besoin de mener par un point donné, une droite qui concourt avec deux autres dont le point de rencontre se trouve hors de l'*épure* (feuille sur laquelle on opère). Dans ce cas, les droites D*b*A, B*d*A, bien que menées à volonté, doivent pouvoir se rencontrer dans les limites de l'épure, la première passant par le point donné.

**36.** *Deuxième cas.* Soit donné le point D au dehors des droites *bd*, db, dont le point de concours *a'* invisible de D. — Après avoir ramené les points *b*, d, dans un même alignement avec D (ce qui est toujours possible, attendu que les points *b*, d, peuvent être pris à volonté sur les droites données), placez un premier jalon en A, au concours des alignements *b*d et *d*b; un 2e en *s*, intersection des diagonales *b*b, *d*d; un 3e en S, à la rencontre de A*s* et D*d*; enfin un 4e en B, à la rencontre de A*d* et *b*S : la droite DB détermine la direction cherchée, comme appartenant avec les transversales *bd*, db, au même faisceau harmonique dont AS est la polaire (*). fig 25

**Remarque.** Voir celle du n° précédent.

---

(*) Le petit nombre de jalons que demandent certaines opérations,

**37.** Si la nature du terrain ne permet pas à la vue de s'étendre librement à droite ou à gauche, ou bien si l'on ne veut pas faire de construction préparatoire pour ramener le point donné dans l'alignement D*b*, on resserrera le cadre de l'opération de la manière suivante :

fig. 27 Soit donné le point S au dedans des droites AB, AD. — Marquez les points *d*, *b*, pris arbitrairement sur AB et AD; placez un 3e jalon en *o*, intersection de B*b* et DS ; un 4e en *p*, intersection de BS et D*d*; enfin un 5e en *a*, point de concours de *bp* et *do* : l'alignement *a*S donne la direction cherchée.

En supposant le point donné situé au dehors, on modifierait la construction d'après les principes suffisamment établis.

**Démonstration.** Joignez mentalement BD, PO, *op* et db. Si l'on considère BD et db comme transversales par rapport à l'angle BAD, la polaire de leur point de concours est la droite AS. Si l'on considère PO et *op* comme transversales par rapport à l'angle *oap*, la polaire de leur point de concours est la droite *a*S. Or, puisque la position de BD, PO, *op* et db, se trouve déterminée par les mêmes droites de jonction, BO*o*b, DP*p*d ; on peut considérer les quatre transversales comme issues d'un point commun, et appartenant à une même polaire : donc les trois points *a*, S, A, sont en ligne droite ; ce qu'il fallait démontrer.

fig. 21 **38.** Problème XII. *Diviser une droite donnée* DS *en deux parties égales.*

**Solution par les transversales.** Choisissez dans la campagne un point qui forme avec les extrémités de la droite donnée DS, un triangle tel que *a*DS par exemple ;

---

nous ayant permis d'utiliser parfois des tracés appartenants à d'autres problèmes, on conçoit que dans ce cas les numéros des jalons ne cadrent plus avec le texte.

d'un point A pris à volonté sur un des deux côtés du fig. 21.
triangle, menez AB parallèle à la base DS; marquez B, intersection de cette parallèle et du côté *a*D; puis *b*, intersection des alignements AD, BS : la droite *ab* prolongée, coupera DS en deux parties égales.

En effet, les transversales S*a*, SB, SD, étant issues d'un point extérieur au triangle ABD, et DS étant parallèle au côté AB; on se rendra compte de la division de AB en deux parties égales, à l'aide des considérations du n° 9. Et puisque *a*F passe par le milieu de AB, elle passe aussi par le milieu de la base DS, parallèle à AB.

Nous ferons remarquer que la solution de ce problème n'exige pas de mesure graduée, et qu'il n'y aurait rien à changer au procédé, dans le cas où un obstacle quelconque se trouvât vers l'une des extrémités de la ligne donnée; seulement, s'il était plus rapproché de S que de D, on prendrait A sur le côté *a*D; et réciproquement.

Lorsqu'on opère sur le papier, pour pouvoir marquer exactement l'intersection *b*, il faut avoir soin de mener la parallèle AB à une distance convenable; afin que les diagonales AD, BS, se coupent à peu près d'équerre.

**39**. Problème XIII. *Diviser une droite quelconque en un nombre donné de parties égales.*

**Solution par les transversales.** Soit à diviser la fig 28
droite AB en quatre parties égales. — D'une de ses extrémités, A par exemple, dans la direction AD tracée d'avance arbitrairement, portez une longueur A1 quelconque, *une fois de plus* que AB doit avoir de parties (c'est-à-dire 5 fois dans le cas actuel); prolongez DB d'une quantité *a*B = BD, et marquez le point *d*, intersection de AB, et de l'alignement *ab* résultant de la jonction de *a* au deuxième point de division en comptant de D en A : AD étant divisée en 5 parties égales, B*d* est le quart de AB.

On se rendra compte de cette construction, en considéfig 28 rant *bda* comme une transversale qui coupe les trois côtés du triangle ABD, et qui détermine le prolongement de la base DB égal à la base même (théorème I, coroll. 3, n° 7).

Quant au tracé sur le papier, il faut tâcher que les droites AB et *bda* se coupent à angles plus ou moins droits, afin de pouvoir marquer exactement l'intersection *d*; on y parvient, en prenant la longueur A1 assez grande pour que AD dépasse AB.

On peut aussi résoudre ce problème de la manière sui-
fig. 15 vante : Soit à diviser BD en cinq parties égales. — Par un point *b* quelconque, pris hors de la droite donnée, tracez *bd* parallèle à DB; du même point *b*, dans la direction *bd*, portez une longueur arbitraire autant de fois que BD doit avoir de parties (c'est-à-dire 5 fois dans le cas actuel); marquez chaque portée, et dans la supposition que *d* représente la cinquième, prolongez les alignements B*d* et D*b* jusqu'à leur rencontre en A. Si de ce point vous menez des droites passant par les divisions de *bd*, ces droites prolongées diviseront la base DB proportionnellement à la parallèle *bd*, et, par conséquent, de manière à satisfaire aux conditions du problème.

Mais voici une autre construction d'une élégance remarquable, et d'une application plus générale :

fig 29. Soit à diviser D*a'* en un nombre quelconque de parties égales. — Supposons construite *bd* parallèle à la ligne donnée; cette ligne étant divisée au point B en deux parties égales (n° 11), on a

$$BD = \frac{Da'}{2}.$$

Placez un premier jalon en S', intersection des alignements B*b*, D*d*; marquez le point *a*, intersection de D*a'* et du prolongement de AS' : vous aurez

$$Da = \frac{Da'}{3}.$$

Car la droite AS'$a$ étant la polaire de $a'$ par rapport à l'angle BAD, divise avec les côtés AB, AD, la transversale D$a'$ harmoniquement ; par conséquent, d'après la relation *B* (nº 13), fig. 29

$$a'B : aB :: Da' : Da;$$

ou, ce qui revient au même,

$$Da' - BD : BD - Da :: Da' : Da.$$

Remplaçant BD par $\frac{Da'}{2}$, et D$a'$ — BD par $\frac{Da'}{2}$, il vient

$$\frac{Da'}{2} : \frac{Da'}{2} - Da :: Da' : Da.$$

Multipliant les deux termes du premier rapport par 2,

$$Da' : Da' - 2Da :: Da' : Da.$$

Donc

$$Da = Da' - 2Da;$$

$$3Da = Da';$$

$$Da = \frac{Da'}{3}.$$

Placez un 2ᵉ jalon en S'', intersection des alignements D$d$, $ab$; marquez le point F, intersection de D$a'$ et du prolongement de AS'' : vous aurez

$$DF = \frac{Da'}{4}.$$

Car AS''F étant la polaire du point B par rapport à l'angle DA$a$, divise avec les côtés AD, A$a$, la transversale DB en proportion harmonique ; ainsi

$$aB : aF :: BD : DF;$$

ou,

$$BD - Da : Da - DF :: BD : DF.$$

fig. 29. Remplaçant BD et D$a$ par leurs équivalents, et BD — D$a$ par $\frac{Da'}{2} - \frac{Da'}{3} = \frac{Da'}{6}$, il vient

$$\frac{Da'}{6} : \frac{Da'}{3} - DF :: \frac{Da'}{2} : DF.$$

Multipliant les deux premiers termes par 3.

$$\frac{Da'}{2} : Da' - 3DF :: \frac{Da'}{2} : DF.$$

D'où l'on tire

$$DF = Da' - 3DF;$$

$$4DF = Da';$$

$$DF = \frac{Da'}{4}.$$

Placez un 3$^e$ jalon en S''', intersection des alignements D$d$, F$b$; marquez le point E : vous aurez

$$DE = \frac{Da'}{5}.$$

Car AS'''E étant la polaire du point $a$ par rapport à l'angle DAF, on a

$$Fa : FE :: Da : DE;$$

ou,

$$Da - DF : DF - DE :: Da : DE.$$

Remplaçant D$a$ et DF par leurs équivalents, puis D$a$ — DF par $\frac{Da'}{3} - \frac{Da'}{4} = \frac{Da'}{12}$, on a

$$\frac{Da'}{12} : \frac{Da'}{4} - DE :: \frac{Da'}{3} : DE.$$

Multipliant les deux premiers termes par 4,

$$\frac{Da'}{3} : Da' - 4DE :: \frac{Da'}{3} : DE.$$

Donc, fig. 29.

$$DE = Da' - 4DE;$$

$$5DE = Da';$$

$$DE = \frac{Da'}{5}.$$

Si l'on continue de la même manière, on parviendra à déterminer $\frac{Da'}{6}, \frac{Da'}{7} \ldots \ldots \frac{Da'}{n}$, en déduisant chaque nouveau segment des deux qui le précèdent.

Représentant par $n$ un nombre entier quelconque, prenez à volonté deux segments consécutifs D$a$, DF, par exemple. Si $Da = \frac{Da'}{n}$, et $DF = \frac{Da'}{n+1}$, il résulte de la dernière proportion que $DE = \frac{Da'}{n+2}$. Ainsi la loi pour toutes les valeurs entières de $n$ est générale.

Remarquez que dans cette construction, pour déterminer la direction de chaque polaire, on utilise le même alignement B$d$; ce qui simplifie le système du tracé.

La solution de ce problème, qui n'exige pas de mesure graduée, s'effectuerait sans l'emploi d'aucune mesure, pourvu qu'on eût un alignement parallèle à la droite donnée $a'$D; comme cela arrive lorsque cette droite tend vers un point remarquable très-éloigné (nº 22).

**40.** PROBLÈME XIV. *Diviser une droite donnée* BD, *en deux segments qui soient entre eux dans le rapport de* M : N. fig. 30.

**Solution par les transversales.** Par une des extrémités de la droite, B par exemple, tracez dans une direction quelconque une ligne B$d$, égale au segment proposé M; par l'autre extrémité D, menez DA parallèle à B$d$, et égale au segment N; marquez le point $a$, intersection des alignements A$d$, BD : les deux segments $a$B, D$a$, sont entre eux dans le rapport de M : N.

fig. 30 Car. à cause des parallèles B*d*, DA, les triangles semblables A*a*D, B*ad*, donnent

$$aB : Da :: Bd : DA :: M : N.$$

En prolongeant la parallèle B*d* d'une quantité B*d'* = B*d*, on déterminera au concours des alignements DB et A*d'*, un second point *a'*, qui satisfera encore à la condition énoncée.

Car, à cause des mêmes parallèles AD, B*d'*, les triangles AD*a'*, *d'*B*a'*, donnent

$$a'B : Da' :: Bd' : DA :: M : N.$$

**Remarque.** Si l'on compare les deux proportions ci-dessus, on voit qu'elles contiennent un rapport commun M : N; d'où l'on peut conclure

$$aB : Da :: a'B : Da';$$

c'est-à-dire que les points *a'*, *a*, sont harmoniques des deux points donnés B, D. La longueur des segments M, N, étant arbitraire, on peut donc dans tous les cas déterminer d'après un rapport établi, deux points harmoniques de deux autres connus.

Réciproquement, étant donné *a'* ou *a* dans la direction d'une droite connue BD, si l'on demandait deux segments M, N, qui fussent dans le rapport *a'*B : D*a'* ou *a*B : D*a*; le problème serait résolu en calculant D*a* ou D*a'*, selon le cas; alors les deux segments seraient déterminés : le premier, par la rencontre d'une parallèle à *dd'* menée à volonté, et d'une transversale quelconque issue du point donné; le second, par l'intersection de *dd'* parallèle à DA, et d'une transversale joignant le point de rencontre A à l'harmonique du point donné.

fig. 31. **41.** Problème XV. *Diviser en deux parties égales un angle dont le sommet* A *est* accessible.

**Solution par les transversales.** Partant du sommet A, prenez sur un des côtés deux longueurs arbitraires AD, A$b$; et sur l'autre côté, faites A$d$ = A$b$, AB = AD; placez un jalon en S, intersection des alignements B$b$ et D$d$ : la transversale A$a$ passant par le point S, divise l'angle proposé A en deux parties égales; ce qui fait donner à cette ligne le nom de *bissectrice*. fig. 31

**Démonstration.** Joignez BD. Les côtés AB, AD, étant divisés proportionnellement aux points $b$, $d$, une ligne menée par ces points serait parallèle à la base BD; donc la transversale AS$a$ tombe au milieu de la base (n° 11). Mais de ce que AB = AD, le triangle ABD est isoscèle; d'où il résulte que l'angle BA$a$ = DA$a$.

**42.** Problème XVI. *Diviser en deux parties égales un angle dont le sommet est* inaccessible.

L'angle donné sera rentrant ou saillant (*).

*Premier cas.* Soit à diviser en deux parties égales l'angle BAD supposé rentrant. fig. 32.

**Solution par les transversales.** Par deux points

(*) L'ensemble d'un ouvrage de fortification se compose ordinairement de parties droites qui forment entre elles des angles plus ou moins ouverts. Ces angles prennent des noms différents selon la direction de leurs côtés; ainsi, supposant le sommet de l'angle BAD (*fig.* 32) tourné vers la campagne, et l'ouverture regardant la place, cet angle serait dit *saillant;* supposant le contraire, il serait dit *rentrant.* En termes de fortification, la bissectrice AS se nomme la *capitale* de l'ouvrage. L'expérience ayant démontré qu'il ne fallait guère compter pour la défense des ouvrages sur l'efficacité des feux obliques, à cause que le soldat placé contre un parapet et abandonné à lui-même, tire presque toujours droit devant lui; il suit de là qu'il se forme entre les lignes AF, AL, représentant la direction perpendiculaire des feux des défenseurs, un espace FAL dans lequel les feux de l'ouvrage ne parviennent que difficilement : cet espace se nomme *secteur privé de feux.* En prolongeant vers la campagne la ligne SA, on remarquera qu'elle s'écarte plus que toute autre des feux directs des deux faces; donc s'il est très-avantageux, lorsqu'on marche à l'attaque d'un saillant, de suivre la direction de la capitale, il est important de savoir bien déterminer cette direction.

fig 32. B, D, pris à volonté sur le prolongement des côtés de l'angle donné, menez la droite BD, et, au moyen du problème précédent, divisez les angles accessibles ABD, ADB, chacun en deux parties égales; marquez par un jalon le point S, intersection des bissectrices BS, DS : la transversale A*a* passant par le point S, divise l'angle proposé en deux parties égales.

**Démonstration.** Soit supposé la ligne A*a* construite de manière qu'elle divise l'angle BAD en deux parties égales. Si cette supposition est vraie, la ligne A*a* divise la base BD en deux segments proportionnels aux côtés adjacents, et l'on aura

AB : AD :: *a*B : *a*D (*).

Or, de ce que par construction les angles AB*a*, AD*a*, sont divisés, chacun, en deux parties égales, le triangle AB*a* donne

AS : S*a* :: AB : *a*B.

De même le triangle AD*a* donne

AS : S*a* :: AD : *a*D.

Ces deux proportions contenant un même rapport AS : S*a*, on peut en conclure

AB : AD :: *a*B : *a*D.

Donc la supposition que nous avons faite est vraie.

**Remarque.** On pourrait employer pour la même opération, les angles supplémentaires DBC, BDE; car le point d'intersection de leurs bissectrices appartient également à la droite qui divise l'angle A en deux parties égales. On pourrait aussi, par des *sous-divisions* successives, diviser l'angle donné en quatre parties égales, en huit, en seize, etc., etc., etc.

---

(*) *Legendre,* livre III. prop. 17.

**43**. *Deuxième cas.* Soit à diviser l'angle BAD supposé saillant. — Marquez un point quelconque B′ sur le prolongement de AB, et un point D′ sur le prolongement de AD. Considérant comme rentrant l'angle B′AD′, vous opérerez comme au cas précédent : les deux angles BAD, B′AD′, étant opposés au sommet, la bissectrice de l'un sera bissectrice de l'autre. fig. 33

**44**. PROBLÈME XVII. *Construire un angle égal à un angle inaccessible* BAD. fig. 34.

Supposons l'angle BAD faire partie d'un ouvrage dont on ne puisse approcher que jusqu'à MM′.

**Solution par les transversales.** Marquez deux points F, C, dans le prolongement de AB, et un point *a* dans le prolongement de AD ; par le point *a*, menez *ab* parallèle à FC, partie accessible de la droite BC (problème II) : vous aurez construit l'angle correspondant *ba*D = BAD.

**45**. L'ordre des matières nous a mené à la considération des angles ; mais leur mesure, ainsi que leur construction d'après une grandeur donnée, ne pouvant s'obtenir à l'aide des seuls jalons, il nous reste peu de choses à dire sur ce sujet (*).

---

(*) Les propriétés des transversales rectilignes pouvant être enseignées immédiatement après la similitude des triangles, nous supposons que l'élève ne possède pas encore les notions concernant la division du cercle. Partant de là, soit un angle A quelconque ; du sommet A, considéré comme centre, décrivez avec un rayon arbitraire une circonférence de cercle, et divisez-la en un certain nombre de parties égales. Si l'on convient d'estimer la valeur de l'angle A, par le nombre des parties comprises entre ses deux côtés, on conçoit que pour connaître le rapport de cet angle à un autre B quelconque, il suffira de compter les parties qu'intercepteront les côtés de ce dernier, sur une circonférence tracée du sommet B avec le rayon du premier cercle, et divisée de la même manière. Or, le rayon du cercle A ayant été pris à volonté, il est évident qu'on pourra déterminer le rapport de

Les angles dont la connaissance est indispensable à l'officier en campagne, sont ceux de 60, de 90, et de 100 à 110 degrés; par la raison que les angles des constructions, destinées soit à couvrir des postes de grand'garde ou des postes d'observation, soit à défendre des postes en arrière desquels on est maître du terrain, tels que l'entrée d'un village ou d'un défilé, le débouché d'un pont, etc., ne doivent jamais avoir moins de 60, ni plus de 90 à 100 degrés s'ils sont saillants, ou de 100 à 110 s'ils sont rentrants. Viennent ensuite d'autres angles, tels que ceux de 108, 120, 135 degrés, etc., dont la connaissance est nécessaire pour la construction des ouvrages de campagne, employés à fortifier des points exposés dans toutes les directions aux insultes de l'ennemi.

---

tous les angles, en se servant d'une même circonférence qu'on remplace dans la pratique par un demi-cercle en cuivre ou en corne. nommé *rapporteur*.

Pour avoir l'unité qui puisse servir de base dans l'évaluation des angles, l'usage a consacré de diviser le cercle en 360 parties égales, appelées *degrés*. Chaque degré se divise en 60 *minutes*, chaque minute en 60 *secondes*. Les degrés se marquent (°), les minutes ('), les secondes ("). Pour exprimer 90 degrés 35 minutes 27 secondes par exemple, écrivez 90° 35' 27". (On emploie les mêmes marques pour désigner les espaces de temps.)

On évalue en degrés l'ouverture d'un angle, en appliquant sur un de ses côtés le diamètre du rapporteur, de manière à faire coïncider exactement le sommet de l'angle avec le point-milieu du diamètre : le nombre de degrés interceptés sur le demi-cercle par les deux côtés de l'angle, prolongés au besoin, donne la valeur demandée. Pour construire un angle énoncé en degrés, faites coïncider le point-milieu du diamètre ci-dessus avec le point donné, et déterminez les deux côtés de l'angle : l'un, en traçant une droite le long du diamètre; l'autre, en joignant le point-milieu au point du demi-cercle où se trouve le nombre énoncé.

La géométrie nous enseigne qu'un angle droit a pour mesure le quart d'une circonférence de cercle, donc il équivaut à 90°.

Soit BC le front du poste à fortifier (*). — Par le point F, milieu de la gorge, élevez à cette droite une perpendiculaire indéfinie; prenez un cordeau égal à BC, et ayant fixé une de ses extrémités en B ou C, tendez-le de manière que son autre extrémité aboutisse exactement à la capitale AF, en A par exemple; joignez AB et AC, vous aurez construit un triangle équilatéral et équiangle BAC, dont chaque angle vaut le tiers de deux angles droits, ou 60°. fig 35.

Si vous faites $FE = FB = \frac{1}{2}$ BC, le triangle BFE étant isoscèle et rectangle en F, chacun des angles FBE, FEB, vaut la moitié d'un angle droit, ou 45°; donc l'angle BEC. divisé en deux parties égales, est un angle droit ou de 90°.

Maintenant, dans le triangle BAC, en divisant les angles ABC, ACB, chacun en deux parties égales; vous construirez un triangle BA'C, dans lequel la somme des angles à la base étant de 60°, l'angle BA'C équivaut à 120°.

Enfin, dans le triangle BEC, divisant les angles à la base, chacun en deux parties égales, vous obtiendrez un triangle BE'C, dans lequel la somme des angles $BCE' + E'BC = 45°$, et, par conséquent, l'angle $BE'C = 135°$.

Pour construire d'autres angles, il faut avoir recours au calcul. Ce n'est pas ici le lieu d'expliquer comment, étant donnée la longueur de la base, et l'ouverture de l'angle du sommet, on parvient à déterminer la hauteur du triangle. Cependant, comme il nous importe de connaître certains angles, et surtout de ne pas nous écarter du maximum et du minimum des limites prescrites, nous allons donner quelques indications à cet égard, en priant le lecteur de nous pardonner cette légère digression.

Afin d'abréger le discours, désignons l'angle du sommet par S, la hauteur par $h$, et la base, que nous supposons

(*) En termes de fortification, la droite BC se nomme *gorge*.

égale 100, par $b$. Cela posé, si

$S = 60°$, limite inférieure des rentrants et saillants, . . . . . . . . . . . . . $h : b :: 86,60 : 100$;

$S = 90°$, saillant d'une redoute carrée ou rectangulaire, . . . . . . . . . . . $h : b :: 50 : 100$;

$S = 100°$, limite supérieure des saillants, . $h : b :: 41,95 : 100$;

$S = 108°$, valeur du saillant d'un pentagone, . . . . . . . . . . . . . . $h : b :: 36,32 : 100$;

$S = 110°$, limite supérieure des rentrants, $h : b :: 35,01 : 100$;

$S = 120°$, valeur du saillant d'un hexagone, . . . . . . . . . . . . . . $h : b :: 28,86 : 100$;

$S = 135°$, valeur du saillant d'un octogone, . . . . . . . . . . . . . . $h : b :: 20,72 : 100$.

On trouve des tables de ce genre depuis 1 jusqu'à 180°. Ces tables peuvent, au besoin, servir à déterminer approximativement la valeur d'un angle accessible, en abaissant du sommet une perpendiculaire sur une droite qui couperait les deux côtés de l'angle à distances égales du sommet, et en cherchant dans la table, l'angle correspondant au rapport de la hauteur à la base trouvé par la mesure directe.

**46.** Problème XVIII. *Déterminer la hauteur d'un objet.*

L'objet proposé peut être accessible ou inaccessible (*) : de là deux cas.

fig 36. *Premier cas.* Soit à mesurer la hauteur AB d'une tour accessible.

**Solution par la géométrie élémentaire.** Choi-

(*) On nomme *accessibles* les objets situés de manière à pouvoir mesurer la distance de leur pied au point de station d'où la hauteur doit être prise; on nomme *inaccessibles* les objets qui ne se trouvent pas dans ce cas, bien qu'on puisse en approcher. Partant de cette définition, un clocher entouré de maisons est un objet inaccessible.

sissez sur le terrain une station E qui soit de niveau avec le pied de la tour; plantez-y verticalement un jalon FE; puis dans l'alignement BE, en un point S quelconque, un 2e jalon DS plus petit que le premier; enfoncez DS dans la terre à une profondeur telle que le rayon visuel dirigé par les extrémités D, F, aille aboutir au sommet de la tour; enfin, mesurez avec soin les distances BS, ES, ainsi que les verticales FE, DS. fig. 36.

Si l'on suppose une ligne DG, menée par le point D parallèlement à BS; les triangles AGD, FOD, étant équiangles à cause des parallèles AG, FO, l'on a

$$AG : FO :: GD : OD.$$

D'où l'on tire

$$AG = \frac{GD}{OD} FO.$$

Ajoutant d'une part GB, de l'autre DS = GB, il vient

$$AB = \frac{GD}{OD} FO + DS.$$

Or, de ce que OE = DS, il s'ensuit que FO n'est autre chose que la différence de hauteur du grand et du petit jalon; donc remplaçant FO par FE — DS, GD par BS, et OD par ES, l'égalité précédente devient

$$AB = \frac{BS}{ES} (FE - DS) + DS.$$

En désignant par $H$ la *hauteur* cherchée AB; par $D$ la distance BS; par $d$ la distance moindre ES; par $P$ la portion visible FE du grand jalon; par $p$ la portion visible DS du petit jalon; on pourra exprimer la formule précédente de manière à pouvoir la retenir plus facilement : savoir,

$$H = \frac{D}{d} (P - p) + p;$$

c'est-à-dire que pour avoir la hauteur d'un objet accessible, il faut diviser la distance du grand jalon au pied de fig 36 l'objet, par l'intervalle qui sépare les deux jalons ; multiplier le quotient par la différence de hauteur des deux jalons, et ajouter au produit la hauteur du petit jalon.

Par exemple, si l'on avait trouvé BS = 480 mètres, ES = 10 mètres, FE = 3 mètres, DS = 1m.,275 ; on aurait $P - p = 1^{m\cdot},725$, et la formule donnerait

$$H = \frac{480}{10}(1,725) + 1,275 = 84^{m\cdot},075.$$

**47.** On pourrait aussi faire la même opération à l'aide d'un seul jalon ; mais alors, après avoir planté bien verticalement le jalon DS, par exemple, il faudra trouver exactement le point J, déterminé par le rayon visuel DJ. Les deux triangles semblables ABJ, DSJ, donnent la proportion

AB : DS :: BJ : SJ.

D'où l'on tire immédiatement

$$AB = \frac{BJ}{SJ}\,DS.$$

Par conséquent, ayant mesuré avec soin les trois longueurs BJ, SJ, DS, et substitué dans la formule les valeurs trouvées, on déterminera AB en effectuant les opérations indiquées.

**Remarque.** Dans le cas où la tour donnée serait surmontée d'une flèche ou d'un clocher, il faudrait, après avoir mesuré la distance BJ ou BS (selon qu'on aura employé un ou deux jalons), y ajouter celle de la moitié d'un des côtés latéraux de la tour ; ce qui rendrait le facteur 480 du nº 46, plus élevé.

**48.** Lorsqu'on ne tient pas à une approximation très-précise, et qu'on soit favorisé par un temps clair, on pourra résoudre le problème ci-dessus au moyen de l'ombre que projettent les objets.

fig 37. Soit à mesurer la hauteur AB d'une colonne. Prenez la longueur BC de l'ombre projetée par la colonne. En un

point E quelconque, plantez un jalon DE d'une hauteur fig. 37
connue, et mesurez avec soin la longueur de son ombre EF. Les longueurs des ombres, *déterminées au même instant*, étant entre elles dans le rapport des hauteurs des objets qui les projettent, on peut en conclure que

$$EF : BC :: DE : AB.$$

Donc

$$AB = \frac{BC}{EF} DE.$$

**Remarque.** Plus les ombres seront nettes, plus il sera facile de les mesurer et plus le résultat sera exact. D'un autre côté, la longueur des ombres variant à tout instant, à cause du déplacement de la terre; pour plus d'exactitude, il faut, étant à deux et avant de mesurer les lignes BC, EF, marquer sur le terrain les points F, C, au même instant.

**49.** *Deuxième cas.* Si l'objet AB était inaccessible; c'est- fig. 36
à-dire, si quelque obstacle placé entre le pied de la tour et de la station E ne permettait pas de mesurer directement BS, on déterminerait cette longueur par un des procédés du n° 19 ou 20, et pour le reste on se conduirait comme au cas précédent.

On peut également faire usage des constructions que nous venons d'enseigner, pour évaluer la hauteur d'une
montagne AB, que le point B soit accessible ou non, fig 38.
pourvu que la montagne soit à pic, et que l'œil placé en D, dans l'alignement du sommet A et de l'extrémité F du premier jalon, puisse en même temps apercevoir le pied de la verticale AB. Dans le cas contraire, l'emploi des seuls jalons étant insuffisant, il faudra avoir recours aux procédés dont l'explication nous entraînerait hors du cadre de ce travail.

**50.** PROBLÈME XIX. *Déterminer la distance entre les ex-* fig 39
*trémités* A, D, *d'une pente qu'on ne peut parcourir.*

fig 39. **Solution par le calcul.** Mesurez la distance horizontale BD, si le point B est accessible; si non, calculez cette distance par un des procédés du n° 19 ou 20; déterminez ensuite la hauteur AB au moyen du problème XVIII. Cela étant exécuté, vous chercherez la longueur AD de la manière suivante :

La hauteur d'une montagne étant donnée par la verticale AB qui part du sommet A, et rencontre la surface horizontale du terrain en B, on peut considérer ABD comme triangle rectangle en B. Or, sachant que le carré de l'hypothénuse AD est égal à la somme des carrés des deux autres côtés AB, BD, on a

$$\overline{AD}^2 = \overline{AB}^2 + \overline{BD}^2 (*);$$

ou.

$$AD = \sqrt{\overline{AB}^2 + \overline{BD}^2}.$$

Donc, ayant fait le carré de la longueur AB, et celui de la longueur BD; vous additionnerez ces deux produits, et vous extrairez la racine de la somme : le résultat donnera la valeur de AB.

Par exemple, si l'on avait trouvé BD = 117 mètres, AB = 156 mètres; on aura

$$\overline{AD}^2 = 156 \times 156 + 117 \times 117 = 38025 \text{ mètres}.$$

Par conséquent,

$$\sqrt{\overline{AD}^2} \text{ ou } AD = \sqrt{38025} = 195 \text{ mètres}.$$

**51.** Le même problème peut trouver son application dans l'attaque des places fortes. Supposons qu'ayant reconnu la hauteur du parapet et la profondeur du fossé, on voulût connaître la hauteur qu'il faudrait donner aux échelles destinées à l'escalade; vous considérerez l'é-

---

(*) *Legendre,* livre III, prop. 11 et 25, *Scholie.*

chelle comme l'hypothénuse du triangle rectangle ABD, dans lequel AB représenterait la hauteur depuis la *crête extérieure* du parapet (*) jusqu'au fond du fossé, et BD la distance du pied de l'échelle au dit parapet (cette distance, selon l'usage, s'évalue environ au tiers de la hauteur à escalader). fig. 39.

### PROJECTIONS.

**52.** Il arrive assez fréquemment qu'étant connues une ou plusieurs droites, on cherche à déterminer sur le papier, relativement à ces droites, la position de différents points du terrain; autrement dit, on cherche *la projection* des points donnés. Bien que la solution définitive de quelques problèmes de ce genre ait besoin de compas, cependant les tracés sur le terrain pouvant être exécutés sans le secours d'autres instruments que la chaîne et des jalons, on nous permettra de nous arrêter sur cette partie importante de la géométrie pratique.

Les obstacles qui s'opposent soit au prolongement soit à la mesure d'une droite, présentent diverses particularités; de là une foule de cas dont nous allons examiner quelques-uns :

PROBLÈME XX. *Trouver la projection des points* B, B', *situés au delà d'un obstacle* quelconque, *dans le prolongement d'une droite* AA' *donnée de position* (**). fig. 40.

---

(*) On nomme *crête extérieure* du parapet, l'arête inférieure du plan qui forme la partie supérieure du parapet, et qui s'incline vers la campagne.

(**) Ce problème revient à celui d'évaluer la distance d'une des extrémités de la droite donnée, à chacun des points cherchés; aussi peut-il être résolu sans le secours du compas, en prenant la dite droite pour base d'un triangle quelconque, et en déterminant, selon le nombre de points à projeter, une ou plusieurs polaires (voir *fig.* 23). Quant à l'obstacle placé entre *a'* et B (*même fig.*), qu'il intercepte ou n'intercepte pas la vue, le tracé ne varie pas; seulement, dans la pre-fig. 40. **Solution par la méthode graphique.** Choisissez hors de l'alignement AB un point F d'où vous puissiez découvrir les points A, A', B', B, et plantez-y un jalon; de l'extrémité A, dans la direction des deux côtés contigus du triangle ABF, portez un même nombre de fois une longueur connue (soit AS' = AS = 50 ou 100 mètres, par exemple); répétez la même opération à l'extrémité F, en prenant FO' = FO = AS (*); marquez les points O, O', puis D, E, intersections de OO' et des alignements FA', FB'; mesurez SS', OO', et remarquez en passant OD et OE; enfin réduisez à une même échelle les longueurs AS, SS', OD, OE et OO'. Cela fait, tracez sur le papier une droite indéfinie *af....;* vers l'extrémité *a,* construisez le triangle *sas',* en lui donnant pour côtés les longueurs correspondantes et réduites, AS, AS' et SS'; tracez d'après les mêmes principes le triangle *ofo';* faites *od* et *oe* égales aux longueurs réduites OD, OE; prolongez indéfiniment *as',* puis *fa', fb'* et *fb :* les points de rencontre *b', b,* donnent la projection de B', B.

En effet, les angles *a* et *bfa,* étant par construction égaux chacun à l'angle correspondant du terrain, l'angle *b* = B; par conséquent, les deux triangles ABF, *abf,* sont semblables, et ont les côtés homologues proportionnels. Il en est de même des autres triangles, AFA', *afa',* par exemple; vu que les triangles FOD, *fod,* ayant un angle égal,

---

mière supposition, on donnerait à DA une longueur convenable pour que l'alignement *a'b* ne fût pas arrêtée par l'obstacle : toutefois, les solutions au moyen du dessin sont d'une application plus étendue. — Nous ferons observer que l'intelligence de ce qui va suivre exige la connaissance de la théorie des échelles (consultez au besoin la IIIe partie, n° 80).

(*) Cette égalité n'est pas de rigueur, mais elle abrége le travail, et permet de diminuer le nombre de réductions. La même remarque s'applique à tous les cas semblables.

O = *o*, compris entre deux côtés proportionnels, sont semblables aussi (*) ; donc l'angle OFD = *ofd*, et FA'A = *fa'a* : ainsi du reste. fig. 40.

Pour avoir la valeur de *ab'* ou *ab*, opérez de la manière suivante : sur un double décimètre divisé en centimètres et millimètres, portez la longueur *aa'* et celle que vous avez intérêt de connaître (*ab* par exemple) ; supposons que vous ayez trouvé *aa'* : *ab* :: 0,012 : 0,063 ; vous saurez que *ab* est 5,25 fois plus étendue que *aa'* : donc, si en réalité AA' = 486$^{m.}$,13, on a AB = 2552$^{m.}$,182 (**), etc., etc., etc.

Si l'on ne demandait que la projection d'un point, B par exemple, vous supprimeriez FB', et pour le reste comme il vient d'être expliqué. Si c'était la projection de B', vous supprimeriez FB ; mais alors, il faudrait prendre FE = FO : en général, quel que soit le nombre de points à projeter, on porte les longueurs égales FO, FO', sur les deux côtés les plus écartés.

**Remarque.** Les points B', B, étant supposés dans le prolongement de AA', il suffit pour la solution du problème que l'extrémité A soit accessible. On conclut de là que la même construction est applicable au cas où serait proposée la projection d'un point situé sur une droite connue, accessible seulement par une de ses extrémités.

**Autre solution.** Soient à projeter les points B', B, situés au delà d'un obstacle quelconque, dans le prolongement de DD' qu'on suppose accessible par une de ses fig. 41.

---

(*) *Legendre*, livre III, prop. 20.

(**) Ici, comme dans les problèmes suivants, la longueur de la droite donnée est supposée connue d'avance ; si elle ne l'était pas, il faudrait l'évaluer par la mesure directe, ou par quelque autre procédé convenable.

fig. 41. extrémités, D par exemple. — Du point D, portez en ligne droite, dans une direction arbitraire, un certain nombre de fois une longueur connue; arrêtez-vous au point A, d'où vous puissiez découvrir les points D, D′, B′, B; en admettant que *b* représente une des divisions de AD, menez de ce point, *bd* parallèle à DB; mesurez *bd*, et notez en cheminant les distances *bb′*, *bd′*. Calculez la valeur de DD′, DB′ et DB, au moyen de la proportion

$$Ab : AD :: bb' : DD' :: bd' : DB' :: bd : DB.$$

Cela fait, tracez sur le papier une droite indéfinie db....; réduisez à une même échelle les longueurs trouvées DD′, DB′ et DB, et marquez-les sur la droite tracée, en partant chaque fois de l'extrémité d.

**53.** PROBLÈME XXI. *Etant donnés non en ligne droite trois points, dont deux connus de position, trouver la projection d'un troisième point.*

fig. 42. 1°. Le terrain ne présentera aucun obstacle, et les points donnés A, B, F, seront tous accessibles. — Après avoir construit sur le terrain un triangle SAS′ quelconque, et mesuré AB, tracez sur le papier une droite indéfinie *af....;* puis, à l'extrémité *a*, le triangle *sas′* semblable à celui du terrain; réduisez à l'échelle du plan la longueur AB, et portez-la sur le papier de *a* en *b*, suivant la direction *as′* : le point *b* marquera la projection cherchée.

2°. Le point B sera inaccessible, mais les deux autres points donnés A, F, ne seront pas séparés par un obstacle. — Ayant construit sur le terrain les triangles SAS′, OFO′, comme il a été expliqué plus haut (n° 52), tracez sur le papier une droite indéfinie *af....;* puis les triangles *sas′*, *ofo′*, semblables respectivement à ceux du terrain; prolongez les côtés *as′*, *fo′*, jusqu'à leur rencontre en *b* qui sera la projection de B.

La longueur AF étant censée connue, on aura celle de

AB ou BF, en déterminant à l'aide d'une échelle, le rapport de *af* à *ab* ou *bf*. fig. 42.

3°. Il y aura entre A et F un obstacle qui, sans intercepter la vue, ne permettra pas de cheminer librement de A en F. — Même construction qu'au cas précédent; seulement, si les points A, F, étaient situés sur les berges mêmes du fleuve, il faudrait construire les triangles SAS', OFO', sur le prolongement des côtés du triangle donné, comme on le voit représenté *fig.* 43, en observant de prendre AS' = AS, etc., etc., etc. Quant au tracé figuratif, après avoir fait au-dessous de la droite indéfinie *so*...., les triangles *sas'*, *ofo'*, semblables à ceux du terrain, prolongez *s'a*, *o'f*, jusqu'à leur rencontre en *b* qui sera la projection de B.

Car, de ce que l'angle *sas'* = SAS', on a *baf* = BAF, et ainsi du reste.

Nous ferons observer que, dans la pratique, à moins de nécessité absolue, il est toujours préférable de construire les triangles SAS', OFO', à l'intérieur (*fig.* 42), qu'à l'extérieur (*fig.* 43).

4°. L'obstacle entre A et F interceptera la vue; de plus, on ne pourra apercevoir B que du point A. — Sur AB, choisissez un point D visible de F; sur FD un point O d'où vous puissiez découvrir B; prolongez BO jusqu'à la rencontre de AF en O'; mesurez FO', O'O et FD, et notez FO en cheminant. Construisez sur le papier un triangle semblable à O'FO; du point *f*, dans la direction des côtés *fo'* et *fo*, portez *fa*, *fd*, égales respectivement aux longueurs FA, FD, réduites : le point *b*, résultat de la rencontre du prolongement de *o'o* et d'une droite indéfinie passant par les points *a*, *d*, donne la projection de B. fig. 44.

Pour évaluer les distances AB, BF, on considérera comme construit le triangle ABF, et l'on cherchera le rapport de la base *af*, supposée connue, à l'un des deux côtés:

fig 44. *ab* ou *bf*. En effet, si l'on joint BF et *bf*, il sera aisé de démontrer la similitude des triangles ABF, *abf*, en comparant d'abord AFD et *afd*, puis BOD et *bod*, enfin BOF et *bof*.

fig. 45. 5°. Un des points donnés, A, sera inaccessible, et ne permettra pas de choisir D sur AB. — Prolongez AF et BF d'une même quantité FO = FO′ ; marquez par un jalon D le point de concours des alignements BA, OO′; mesurez DO, et remarquez O′O en passant. Quant au tracé sur le papier, en transposant les lettres F, O, il n'y a qu'à suivre le texte du cas précédent.

**54.** Problème XXII. *Connaissant la projection de deux droites, trouver celle d'un point donné.*

fig 46. 1°. Le point donné O appartiendra aux deux alignements AF, A′F′. — On détermine sa position par l'intersection de *af* et du prolongement de *a′f′*.

2°. Le point O appartiendra aux deux alignements, mais on n'a que la projection de AF et du point A′, supposé accessible. — Mesurez A′O, et du point *a′* comme centre, avec un rayon = A′O réduit à l'échelle du plan, décrivez sur le papier un arc qui coupe *af* : le point de section *o* sera le point cherché (*).

fig 47. 3°. Le point O n'appartiendra qu'à l'une des deux droites, AF par exemple. — Marquez par un jalon D l'intersection de AF et du prolongement de A′F′; mesurez la portion DO, et l'ayant réduite à l'échelle du plan, portez-la de *d* en *o* suivant *df*.

fig 48 4°. Les droites étant AF et OO′, le point O n'appartiendra qu'à l'une d'elles; mais on n'a que la projection de AF et du point O′, supposé accessible. — Marquez l'intersection S; mesurez OO′ et notez OS en cheminant; du point *o* comme centre, avec un rayon = OS réduit, décrivez sur

---

(*) A la vérité, l'arc tracé du centre *a′* pourra couper *af* en deux points; mais on reconnaît à la vue, le point convenable.

le papier un arc de cercle qui coupe *af* en deux points; fig. 48
choisissez-en celui qui convient, c'est-à-dire *s* dans le cas actuel; menez une droite indéfinie *os*...., et faites *so'* = SO' réduit : vous aurez en *o* la projection de O'.

5°. Le point O se trouvera hors des alignements projetés AF, A'F'. — Plantez un jalon à l'intersection D; par le point O, s'il est accessible, menez OS parallèle à A'D; mesurez DS et SO; prenez sur le papier *ds* = DS réduit; par *s* tracez *so* parallèle à *da'*, et égale à SO réduite.

Si O est inaccessible, choisissez à volonté sur DF un point S, et déterminez la position de O, par un procédé applicable à la nature du terrain (*voir* n° 53).

**55.** Problème XXIII. *Une droite dont on peut apercevoir* fig. 24
*deux points B, D, étant inaccessible, déterminer par rapport à cette ligne, la position d'un point donné* A.

Ce problème peut être résolu au moyen de celui du n° 32. Après avoir construit sur le terrain le triangle ABD, mesurez ses trois côtés, et tracez sur le papier un triangle semblable.

**56.** Problème XXIV. *Etant donnés non en ligne droite* fig. 42
*trois points* B, S', O', *dont un seul,* B, *connu de position, trouver la projection des deux autres* S', O' (*).

Tracez un alignement qui passe entre le point connu B, et les points à projeter; sur cet alignement, marquez à l'aide de jalons, deux points S, O, pris à volonté; puis deux autres, A, F, intersections de SO et des alignements BS', BO'; mesurez sur le terrain SA, AS', AF et FO'. Réduites à l'échelle du plan, les longueurs SA, AF, permettront de fixer sur le papier la position des points *a*, *f*; joignant *ab* et *bf*, si vous prolongez *ab* d'une quantité *as'* = AS' réduite, vous aurez en *s'* la projection de S'; si vous

---

(*) Il faut ici envisager comme non existant, l'obstacle placé entre A, B, F.

fig. 42. prolongez *bf* de *fo'* = FO' réduite, vous aurez en *o'* la projection de O'.

Si les points S', O', étaient inaccessibles, il faudrait déterminer AS', FO', par un des procédés connus ; et pour le reste, comme il vient d'être expliqué.

**Remarque.** Cette solution, indépendante de la quantité de points à projeter, sert de base aux *levés* par la méthode des *alignements*. La chose essentielle dans un levé, c'est de fixer avec exactitude sur le papier, la position des points principaux du terrain; partant de là, supposons qu'au milieu d'un terrain donné, vous ayez choisi dans un endroit favorable les trois points A, B, F, et mesuré avec soin AF, AB et BF. Considérant chacun des côtés du triangle ABF, ainsi que le sommet de l'angle opposé à ce côté, comme nous avons considéré la droite SO et le point B; on conçoit la possibilité de déterminer assez exactement, par rapport aux sommets des trois angles du triangle connu ABF, la position de tous les points environnants : les points principaux fixés sur le papier, on peut achever le plan à vue. Les levés par alignements s'emploient de préférence, lorsque les points à projeter sont accessibles.

fig. 49. **57**. Problème XXV. *Etant donnés plusieurs points,* B, C, D, *inconnus de position, trouver leur projection.*

Choisissez dans la campagne deux points A, F, en sorte que de chacun vous puissiez apercevoir tous les points désignés; mesurez AF avec soin ; prenant à volonté une longueur AS, que pour plus de simplicité nous supposerons de 20 mètres, portez-la de A dans la direction des points B, C, D, F; mesurez SS', SS'' et SS'''; répétez la même opération à l'extrémité F, en prenant FO = AS ; réduisez les longueurs connues à une même échelle; tracez sur le papier une droite *af* = AF réduite, et construisez à chacune des extrémités *a, f,* d'après les principes suffisamment établis, un groupe de triangles semblables à ceux du terrain : en prolongeant jusqu'à leur rencontre les côtés $as'''$, $fo'$, par exemple, vous trouverez la projection de B ; ainsi du reste. On remarquera que la solution du problème permet en même temps de déterminer la distance entre chacun des points cherchés et les extrémités de la droite connue AF. fig. 49.

La construction ci-dessus, dans laquelle l'égalité des longueurs portées de A et de F est indispensable, peut être simplifiée, en décrivant des points A, F, considérés comme centres, des arcs de cercle d'un même rayon AS = FO ; alors il suffira de marquer les intersections de ces arcs, et des alignements dirigés des extrémités de la base AF sur les points qu'on veut projeter : plus le rayon sera grand et mesuré avec exactitude, plus on pourra compter sur des résultats satisfaisants.

Si au lieu de deux points, vous en choisissiez trois, de manière à déterminer sur le terrain un triangle dont la droite AF fût un des côtés ; il y aurait trois bases d'opération qui vous permettraient, en suivant le procédé ci-dessus, de fixer, par rapport aux sommets des trois angles du triangle connu, la position de tous les points environnants. C'est là-dessus que repose la méthode des levés par *intersections*.

**58.** PROBLÈME XXVI. *Evaluer l'aire d'un polygone* levé par la méthode du cheminement. fig 50.

Soit donné le polygone ABCDEF. — Mesurez à la chaîne, ou au pas s'il est bien réglé, tous les côtés du polygone, ainsi que les diagonales BF, FC et CE ; choisissant à volonté un des triangles du terrain, ABF par exemple, tracez sur le papier un triangle semblable *abf*, en lui donnant pour côtés les longueurs AB, AF et BF, réduites à une échelle convenable ; sur *bf*, construisez le triangle *bcf* ; sur *cf*, le triangle *cef*, et ainsi de suite. Le tracé terminé, abaissez sur le papier du sommet de chaque triangle une fig. 50. perpendiculaire à sa base : le produit de celle-ci par la moitié de la hauteur, estimée à la même échelle, donnera l'aire du triangle; la somme de tous les produits, donnera l'aire du polygone proposé (*).

Ici, le polygone peut être inaccessible extérieurement; que s'il l'était intérieurement, après avoir mesuré à l'extérieur tous les côtés du polygone, de même que la distance AE, il faudrait, pour les angles saillants, construire les triangles sur le prolongement des côtés, tel qu'on le voit représenté en A ou E (*fig.* 50 *bis*); et pour les angles rentrants, se conformer au tracé indiqué en F (*même fig.*). Ainsi, après avoir construit sur le papier un triangle $ab'f'$ semblable à AB'F', donnez au prolongement de $b'a$ et $f'a$ la longueur correspondante AB ou AF réduite; sur $af$, construisez un triangle semblable à AFE; en E, opérez comme en A, et continuez jusqu'au bout en suivant les mêmes principes.

Si l'un des sommets seulement était inaccessible, on agirait selon les circonstances, soit comme en A soit comme en E. Nous rappellerons aussi qu'on abrége beaucoup le travail en employant pour tous les prolongements de côtés, une même longueur connue.

Les levés par la méthode du cheminement sont sujets à de graves erreurs, à cause qu'il est impossible d'obtenir la mesure exacte de tous les côtés ; aussi cette méthode est-elle inférieure aux deux précédentes qui, combinées avec discernement, permettent de fixer sur le papier avec assez d'exactitude tous les points remarquables d'une position, que ces points soient accessibles ou non.

### DÉFILEMENT.

**59.** Afin de donner une dernière idée des ressources

---

(*) *Legendre,* livre III, prop. 6.

qu'on peut tirer de l'emploi des seuls jalons, nous terminerons cette partie par deux problèmes relatifs au *défilement* des ouvrages ; mais, comme il pourrait s'en trouver parmi nos lecteurs qui n'eussent aucune notion de fortification passagère, nous expliquerons brièvement le but et la nature de l'opération.

On nomme *dangereux* les points d'où l'œil de l'ennemi pourrait plonger librement dans l'intérieur de la position qu'on a intérêt de conserver. Par conséquent, dès que l'emplacement de l'ouvrage destiné à la protéger a été arrêté, il faut déterminer la hauteur que devra atteindre chacune des parties de l'ouvrage, pour dérober à la vue et aux coups de l'ennemi, les défenseurs et l'attirail de guerre. Remplir ces conditions, c'est *défiler* un ouvrage.

Dans la fortification passagère, on ne considère comme pouvant être dangereux que les points compris entre le sommet de chaque saillant, et la circonférence de cercle décrite de ce sommet avec un rayon de 800 mètres. La reconnaissance des points dangereux ne présente en pratique aucune difficulté; car il suffit, après avoir jalonné le tracé, de remarquer au dehors les lieux d'où la vue pénètre sans obstacle dans son intérieur ; mais, tantôt le terrain que doit contenir l'ouvrage sera dominé tout entier par une ou plusieurs hauteurs, auquel cas il faut pouvoir indiquer celle le plus à redouter; tantôt une portion seulement se trouvera exposée aux insultes de l'ennemi; enfin l'ouvrage fera partie d'un système dont les dispositions l'abriteront contre certains coups : de là une foule de particularités et de combinaisons qui font de la solution complète du problème, une des plus grandes difficultés de la science de la fortification.

On nomme assez improprement *plan de site,* le plan plus ou moins incliné, contenant le point dangereux et le *terre-plein* qui, dans la plupart des ouvrages de campagne, n'est autre chose que la surface du terrain naturel. *Plan de défilement*, est celui mené parallèlement au premier, à la hauteur de 2m.,50; il doit raser la *crête intérieure* de l'ouvrage (*). La hauteur d'un homme à cheval n'excédant pas 2m.,20, on conçoit qu'un ouvrage défilé interceptera tous les rayons visuels et les coups venant du dehors; d'autant plus que l'axe des bouches à feu, même sur affût de siége, n'est élevé qu'à 1m.,20 au-dessus du niveau. L'expérience ayant démontré qu'au delà de 300 mètres l'effet des armes portatives est presque nul, il suffit, pour les points situés au delà de cette distance, de faire passer le plan de défilement à 1m.,50 au-dessus. Du reste, notre but n'étant que de faire connaître les procédés techniques de l'opération, nous renvoyons pour d'autres détails au *Cours d'art militaire* par Fallot; Bruxelles, 1837; Ire Partie, 25e et 26e leçon.

**60.** Problème XXVII. *Défiler un ouvrage d'un point dangereux.*

fig 51. Soit à défiler une *lunette* (**) dont BCADE représente la crête intérieure projetée sur le terrain. On suppose la ligne FG, limite du défilement en arrière de la gorge BE, contenue dans un plan parallèle à la pente générale du terrain (***); et le point dangereux S, situé au dedans de l'angle formé par le prolongement des faces CA et DA.

---

(*) C'est le nom qu'on donne à l'arête qui borde le sommet des parapets. On l'appelle aussi *ligne de feu*, parce que les hommes rangés sur la banquette le long de cette ligne, y appuient le fusil pour faire feu.

(**) On appelle *lunette* un ouvrage composé de deux faces AC, AD, et de deux flancs BC, DE, construits plus ou moins perpendiculairement à la gorge BE, de manière à avoir des feux dans des directions que les faces ne peuvent découvrir.

(***) La limite du défilement a été fixée, pour les ouvrages *ouverts*, à 20 mètres en arrière et parallèlement à la gorge.

Le plan de site ici est déterminé par la droite FG et le point S considéré point dangereux; le plan de défilement sera le plan mené parallèlement et à 2m·,50 au-dessus du premier : il devra raser la crête intérieure de l'ouvrage. Cette crête étant contenue tout entière dans les plans verticaux qui ont pour limite inférieure les droites BC, CA, AD, DE, le problème se réduit à fixer la hauteur à laquelle le plan de défilement passera au-dessus des points B, C, A, D, E. fig. 51.

A cet effet, marquez par des jalons d'une hauteur arbitraire les points ci-dessus; puis, par un jalon SS″ = 2m·,50, le point dangereux S; et par HH′, autre jalon de même hauteur, le point H, intersection des alignements FG, SA. Les deux derniers jalons HH′, SS′, étant égaux, si vous faites passer par leurs extrémités H′, S′, un rayon visuel, ce rayon, contenu dans le plan de défilement, se trouvera intercepté en A′ par le jalon AA′, placé dans la direction H′S′ : en marquant au moyen d'une *coche* (entaille) le point d'intersection A′, vous connaîtrez la hauteur de la crête intérieure du saillant CAD. Cela étant exécuté, plantez aux points F, G, à la rencontre de la limite FG et du prolongement des faces AC, AD, des jalons FF′, GG′, aussi de 2m·,50; menez successivement par les extrémités F′, G′, et l'entaille A′, des rayons visuels : vous déterminerez sur les jalons intermédiaires CC′, DD′, la hauteur à laquelle les coupera le plan de défilement. Enfin, les points C′, D′, établis, on trouvera B′, E′, en faisant passer par le sommet des jalons JJ′, NN′, égaux à SS′ et situés sur FG aux intersections de cette droite et du prolongement des flancs CB, DE, des rayons visuels dirigés respectivement : l'un vers C′, l'autre vers D′; ou bien l'un et l'autre vers la même coche A′, en supposant le jalon JJ′ dans le prolongement de AB, et le jalon NN′ dans celui de AE.

fig. 51 Si le plan de défilement, qu'on peut représenter en réunissant à l'aide de cordeaux les entailles faites sur les jalons, passe par le sommet du jalon planté au point dangereux S, c'est que l'opération a été bien dirigée.

On suivrait absolument la même marche en prenant pour point de départ B ou D, au lieu de A.

La science de la fortification ajoute : Dans le cas où le point dangereux se trouverait au pouvoir de l'ennemi, le plan de défilement sera dirigé au-dessus de la tête de celui-ci, à environ *un* mètre.

**61.** Problème XXVIII. *Défiler un ouvrage de plusieurs points dangereux.*

fig. 52. Soit à défiler une lunette représentée par la projection de sa ligne de feu GBADF (*). L'ouvrage étant dominé à gauche de la capitale A*a* par les points X, X′, X″, etc., et à droite par les points Y, Y′, Y″, etc., il s'agit de déterminer parmi ces divers points, celui d'où la vue de l'ennemi pourrait le mieux plonger dans l'intérieur de l'ouvrage.

Nous supposerons les points dangereux indiqués par des jalons élevés d'*un* mètre au-dessus du sol, et les points A, B, G, D, F, par des jalons d'une hauteur arbitraire. Considérant comme contenue dans un plan parallèle à la pente générale du terrain, la ligne MN, limite du défilement en arrière de la gorge, choisissez dans cette direction deux points C, E, quelconques, et marquez-les par des jalons de même hauteur que ceux situés aux points dangereux (nous avons, pour plus de simplicité, pris ces points dans l'alignement de AG et de AF). Plantez verticalement en *x*, intersection des alignements CA, EX, un 3e jalon d'une hauteur à volonté ; marquez sur ce jalon, au moyen d'une entaille, le point d'interception du rayon

---

(*) Dans cette construction, les jalons étant représentés à *vol d'oiseau*, les lettres qui indiquent leur emplacement, marquent leur sommet.

visuel mené par les extrémités E, X; et sur le jalon A, la hauteur à laquelle aboutira le rayon mené par l'extrémité C et l'entaille du jalon $x$. Plantez ensuite un 4e jalon en $x'$, intersection des alignements CA, EX'; opérez comme nous venons de l'enseigner, en faisant passer un rayon visuel par les extrémités E, X', l'autre par C et la coche du jalon $x'$. Continuez de même pour les points $x''$, $x'''$, etc., ayant soin de numéroter les intersections du jalon A et des divers plans, dans l'ordre qu'on aura suivi pour les déterminer (*). fig 52.

Cela étant fait, passez à la droite de la capitale A$a$, et répétez la même opération en remarquant ce qui suit : Les jalons $y$, $y'$, $y''$, etc., seront fixés par l'intersection des alignements CY, CY', CY'', etc., et l'alignement EA; leurs entailles seront déterminées à l'aide des rayons visuels partant de l'extrémité C, et dirigés successivement vers le sommet des jalons Y, Y', Y'', etc.; tandis que celles du jalon A le seront à l'aide des rayons menés successivement par l'extrémité E et les entailles des jalons $y$, $y'$, $y''$. Vous aurez également soin de numéroter les diverses coches du jalon A : celle la plus élevée donnera avec la droite MN (qu'on suppose à *un* mètre au-dessus du sol) la position du plan de site (**).

Reste à fixer les hauteurs des jalons G, B, D, F. Ces hauteurs se trouvent de la manière suivante (nous choisirons les points B et G pour exemples) :

---

(*) Cette précaution est d'autant plus indispensable que les entailles postérieures du jalon A pourraient tomber au-dessus et au-dessous de la première, et qu'alors il faudrait retenir dans la mémoire la correspondance des points dominants avec leurs plans respectifs, ce qui pourrait occasionner des erreurs.

(**) En numérotant les entailles, il est aisé de s'apercevoir si les points X, Y, ou X', Y', ne sont pas beaucoup plus élevés que les points dangereux situés autour du saillant A; auquel cas, il faudrait fig 52 Quant à B, plantez un jalon *o* à l'intersection des alignements CA, BE; enfoncez-le dans la terre à une profondeur telle que sa tête se trouve sur l'alignement du rayon visuel dirigé de C vers la coche la plus élevée du jalon A; puis marquez sur le jalon B, l'intersection du rayon mené par l'extrémité E et le sommet *o* du jalon bornoyé.

Quant à G qui, par construction, se trouve placé à l'intersection des alignements AC, GE, il suffira de déterminer sa coche par le rayon partant de l'extrémité C et dirigé vers la tête *o* du jalon bornoyé.

La position du plan de site tracée, pour avoir celle de la ligne de feu contenue dans un plan de défilement qui abrite parfaitement les défenseurs, il ne reste, en supposant le point dangereux situé à une distance moindre de 300 mètres, qu'à ajouter 1m·,50 à chaque hauteur trouvée.

---

déplacer le jalon E en *a'*, sur le prolongement de la capitale, afin de défiler séparément ABG*a* et ADF*a*, etc., etc., etc.

# TROISIÈME PARTIE.

## DESCRIPTION DES INSTRUMENTS ET DES MOYENS LES PLUS SIMPLES POUR TRACER ET MESURER DES LIGNES DROITES.

**62**. Pour tracer des lignes droites sur le papier, on se sert de la *règle*. Les règles n'étant pas toujours bien dressées, il faut les vérifier avant de s'en servir.

*Moyen de vérifier une règle*. Tracez une droite MN, sui- fig. 53
vant le bord AB d'une règle ABCD ; retournez celle-ci sens dessus dessous, non pas de manière que l'extrémité A se place en B et réciproquement, ce moyen ne suffirait pas ; mais de manière que l'instrument prenne la position ABC'D', dans laquelle l'angle C aura passé en C', et l'angle D en D'. Si la règle est bien dressée, il faut qu'une ligne tirée dans cette seconde position se confonde avec la première trace ; dans le cas contraire, il faut renoncer à se servir de ces deux *arêtes*, et procéder à la vérification des deux autres.

On improvise une règle en pliant, une ou plusieurs fois sur elle-même, une feuille de papier.

**Remarque.** La géométrie nous enseigne que les lignes représentent une seule dimension, *longueur ;* mais une seule dimension ne saurait être conçue que par l'intelligence ; car tout ce qui existe matériellement, le plus petit *corps* possible, réunit les trois dimensions (*).

Il s'ensuit que plus les traits du dessin sont déliés, plus ils se rapprochent de l'idéal géométrique, et plus nos représentations des longueurs sont exactes. Pour obtenir des traits bien fins, on se sert du *tire-ligne,* instrument préférable à la plume dont on n'est jamais certain de conserver l'écartement des parties du bec. Le tire-ligne est formé de deux lames d'acier parallèles, très-minces et façonnées en pointes mousses; une vis sert à rapprocher insensiblement les deux lames, de manière qu'on peut avoir des traits aussi déliés qu'on veut. De bons tire-lignes sont assez rares.

**63.** Certains travaux nécessitent des droites d'une telle longueur que la règle devient insuffisante pour les tracer ; alors on tend fortement par les deux bouts, le plus près possible de la surface sur laquelle on veut tracer la ligne,

---

(*) A propos du mot *corps* nous ferons la remarque suivante .

On donne, en physique, le nom de *corps* à tout ce qui a une étendue limitée, *impénétrable,* et qui frappe nos sens par des qualités particulières. Ainsi l'étendue seule ne suffit pas pour donner l'idée d'un corps ; car celui-ci peut disparaitre après avoir laissé quelque part l'empreinte de sa forme, et l'on n'en aurait alors qu'une idée incomplète. Cependant, dans la plupart des traités élémentaires de géométrie, voir même Legendre, on trouve cette définition :

« *Corps* ou *solide* EST ce qui réunit les trois dimensions de l'étendue. »

Quel que soit l'empire de l'usage, il doit céder à la raison. La réunion des trois dimensions ne constitue qu'une des qualités essentielles de la matière, et se nomme, absolument parlant, *étendue;* mais on l'appelle *volume* pour la distinguer des deux autres espèces d'étendue, lignes et surfaces, considérées seulement en géométrie. D'un autre côté, suivant la même définition, un volume d'eau ou de gaz, réunissant les trois dimensions, serait un *solide!* Il est aisé de voir qu'en substituant le mot *volume* à celui de *corps* ou de *solide,* la pensée serait rendue avec plus de justesse.

un cordeau frotté avec de la craie ou du charbon ; puis on le pince en l'élevant perpendiculairement par le milieu : lâchée, la corde frappe la surface, et y laisse une empreinte rectiligne.

Mais lorsque l'étendue d'une droite dépasse les bornes ordinaires, comme dans les tracés sur le terrain ; pour la déterminer, on aligne des jalons. *Prendre* ou *jalonner un alignement*, c'est chercher sur le terrain la trace du plan vertical qui passe par deux points donnés.

Les *jalons* ou *piquets* sont des bâtons droits, ferrés en pointe par le bas, et fendus par le haut pour recevoir un petit carré de papier blanc ; leur hauteur est d'environ 1$^{m.}$,50. Si la distance est un peu longue, on les prend plus hauts, et l'on a soin de remplacer les cartes blanches par de petits drapeaux de couleur remarquable : rouge ou noir, par exemple (*).

On donne aussi le nom de jalons aux *perches* de 4 à 10 mètres de hauteur, qui servent à marquer dans la campagne les divers points choisis pour signaux ou pour stations.

**64.** Deux jalons suffisent pour déterminer une droite ; mais lorsqu'il s'agit de se maintenir entre deux points donnés, il faut marquer sur la base plusieurs points de *repère*. Si la distance est de peu d'étendue, un 3$^{e}$ jalon placé entre ses deux extrémités, vers le milieu, suffit. Si la distance est telle qu'on ne puisse toujours pendant le trajet en apercevoir les extrémités, on la subdivise par plusieurs jalons qu'on place, suivant la nature du terrain, à 30 ou 40 mètres l'un de l'autre. Du reste, voici les conditions pour bien jalonner un alignement :

---

(*) On emploie de préférence le *blanc* sur un terrain boisé ; le *noir* sur un terrain découvert, lorsque la lumière du jour est trop vive ; et le *rouge* dans des circonstances moyennes.

1°. Plantez les jalons verticalement.

2°. Espacez-les autant que possible.

3°. Placez-vous à une certaine distance en arrière ; visez d'un même côté, et de manière à ce que le rayon visuel affleure les jalons.

4°. Visez au pied des jalons placés devant vous, afin de diminuer les erreurs qui pourraient résulter de leur placement non vertical, par suite de l'inexpérience des aides.

5°. Enfin, l'exactitude des tracés, surtout lorsqu'il s'agit de resserrer le cadre de l'opération, exige l'emploi de jalons aussi minces que possible.

**65.** Le problème de prolonger un alignement, ou d'en déterminer un sur deux points donnés, présente trois cas :

1°. Si l'alignement doit être pris sur le prolongement
fig. 54. d'une ligne BF déterminée d'avance, un jalonneur se place en A ; il faut que le point B lui masque le point F.

2°. Si l'alignement doit être déterminé entre deux points donnés B, F, dont un seul B accessible, le jalonneur qui se place à 3 ou 4 pas en arrière de ce point, fait mouvoir par des commandements ou des signaux, un autre jalonneur C, jusqu'à ce que celui-ci lui masque le point F. On suivrait le même mode d'opération, dans le cas où il y aurait plusieurs jalons à établir : l'alignement sera bien jalonné, lorsque l'observateur placé en arrière de B, ne pourra apercevoir les jalons intermédiaires ni à droite, ni à gauche de la ligne BF.

fig. 55 3°. Les deux points donnés A, F, étant inaccessibles, un premier jalonneur *b* se place dans une position quelconque, et un second *d*, sur le prolongement de A*b* : les deux jalonneurs se faisant face, se portent sur la ligne AF de la manière suivante : en supposant qu'ils puissent distinguer leurs signaux réciproques, *b* fait mouvoir *d* jusqu'à ce qu'il lui masque en *d'* le point F ; puis *d'* indique au jalonneur *b* la position *b'* sur l'alignement *d'*A; après quoi *b'* fait placer *d'* en *d''*, et ainsi de suite : l'opération sera terminée lorsque les deux jalonneurs se trouveront avec les points donnés sur un même alignement, tel que ABDF. fig 55.

Il se pourrait aussi que les deux jalonneurs fussent trop éloignés l'un de l'autre pour apercevoir les signaux. Dans ce cas, le premier alignement A*bd* étant déterminé, *b* marchera pour se rapprocher de AF, en faisant face à *d* qui. par des mouvements de conversion plus rapides que ceux de *b*, se maintiendra sur les prolongements A*b'*, A*b''*, etc., en *d'*, *d''*, etc., jusqu'à ce qu'il parvienne à masquer le point F au jalonneur *b*; cela étant, les quatre points A, B. D, F, seront alignés (*). fig 56.

Enfin, un seul observateur peut déterminer un alignement entre deux points inaccessibles, s'il a préalablement marqué un point dans le prolongement de la droite donnée.

Si le terrain sur lequel on veut prendre un alignement. est montueux, il faut en suivre les sinuosités de manière à pouvoir aligner chaque nouveau jalon sur les deux précédents.

**66.** Une seule personne peut, au besoin, fixer le point de concours de deux droites telles que B*d* et D*b*, marquées par des jalons. On se place d'abord dans le prolongement d'une des lignes données, de D*b* par exemple; puis on recule ou l'on avance jusqu'à ce qu'on ait découvert un point où les rayons visuels, dirigés vers les quatre jalons *b*, D et *d*, B, se réduisent à deux : dans le cas actuel, A est le point cherché. fig 8.

Pour déterminer le point S, intersection des diagonales marquées par les jalons B, *b* et D, *d*, l'aide pourra être

---

(*) Tel est le procédé qu'on emploie dans les évolutions, pour déterminer une ligne de bataille entre deux points donnés de position.

fig 8 guidé par les commandements ou les signaux des observateurs placés en arrière des extrémités D, *b*, et aligné : par le premier sur *d*, par le second sur B. Mais si l'on n'avait point d'aide à sa disposition, il faudrait d'abord prolonger par un jalon auxiliaire la diagonale B*b*, en arrière de *b*; et celle D*d*, en arrière de D : alors ce cas revient au précédent, et une seule personne pourra déterminer l'intersection S, comme il a été expliqué pour le point de concours A.

On évitera avec soin les angles trop aigus, parce qu'il est difficile de les marquer avec précision ; si cependant la nature du terrain rendait la chose inévitable, on emploiera la correction suivante : Après avoir trouvé un premier point où les rayons visuels, dirigés de A vers les quatre jalons *b*, D et *d*, B, commencent à se réduire à deux, on reculera aussi longtemps qu'on ait découvert un second point où chacun des deux rayons se divise en deux autres ; c'est-à-dire d'où l'œil commence de nouveau à distinguer les quatre jalons : le milieu de l'intervalle entre les deux points trouvés, donnera assez exactement le point de concours des alignements B*d* et D*b*.

**67**. Les distances s'estiment en les comparant toutes à une longueur *invariable*, considérée comme *unité linéaire*. Cette longueur absolue qu'on a appelée *mètre*, du mot grec *métron* signifiant *mesure*, a été prise dans la nature même ; elle fait la dix-millionième partie du quart d'un *méridien* (*).

---

(*) L'idée d'établir une unité de poids et de mesures, a été *reprise* en France sous le règne de Louis XVI. Comme il est peu probable que notre globe change désormais de forme, on proposa de prendre l'étalon de l'unité absolue sur les dimensions de la terre, afin de donner à la mesure une base fixe et immuable. Malgré l'importance de la question, le gouvernement de cette époque s'en occupa médiocrement ; l'honneur de l'entreprise était réservé à la convention qui se passionna

Sur le papier, on mesure une distance en l'interceptant à l'aide du *compas* dont on reporte l'ouverture sur l'échelle qui accompagne le plan. Le compas peut, au besoin, être

---

pour une idée aussi grande, et fit exécuter, au milieu de la tourmente révolutionnaire, des travaux admirables.

Ce n'est pas ici le lieu de détailler les procédés que nécessitait une opération de ce genre ; on en trouve une description élémentaire dans l'*Uranographie* de M. Ajasson de Grandsagne, ouvrage faisant partie de la *Bibliothèque populaire*. Voici comment on peut se rendre compte de la chose :

Figurez-vous la terre comme une sphère immense, tournant sur une droite non verticale qui la traverserait de part et d'autre, en passant par son centre. Nommons cette droite imaginaire, *axe;* et ses deux extrémités aboutissantes à la surface, *pôles*. Si l'on coupe la sphère en deux parties égales, par un plan perpendiculaire à l'axe, l'intersection de ce plan et de la surface du globe, déterminera un cercle que nous appellerons *équateur;* si l'on coupe la même sphère par un plan suivant la direction de l'axe, il résultera de cette section un autre cercle que nous appellerons *méridien terrestre*. On conçoit tout d'abord que l'équateur est unique, tandis qu'une infinité de méridiens peuvent se croiser aux deux extrémités de l'axe, c'est-à-dire aux deux pôles. Il suit de là que tout point du globe a son méridien ; c'est le cercle qui partant de ce point, passe par les deux pôles et revient au lieu de départ.

Cela établi, étendez jusqu'à la région des étoiles, à l'aide de l'intelligence, les plans des méridiens terrestres ; vous déterminerez sur la voûte du ciel de nouveaux cercles, *méridiens célestes,* ayant un centre commun avec les premiers, et deux pôles comme eux.

Dans la partie du ciel visible pour les peuples de l'Europe, non loin de l'endroit où se croisent les méridiens célestes, on aperçoit une étoile, nommée la *polaire* à cause qu'étant située à peu près dans le prolongement de l'axe terrestre, elle correspond au pôle nord de la terre : l'immobilité apparente de l'astre, en fait un point de repère pour les navigateurs et les astronomes. Voici le moyen de le trouver : Tout le monde connaît la *constellation* (groupe d'étoiles) dite la *grande Ourse,* vulgairement le *Chariot,* composée entre autres de sept belles étoiles dont quatre forment un carré long, et trois une espèce de queue. Menez par la face située à l'extrémité du prolongement de la remplacé par le *double décimètre*. Ce petit instrument qui se rencontre partout, et dont l'officier en campagne devrait toujours être pourvu, est un instrument très-précieux;

---

queue, un alignement; prolongez-le (en été à droite, en hiver à gauche, en automne en haut, et au printemps en bas) : la première étoile qui se trouve sensiblement dans cette direction, c'est la polaire; elle marque l'extrémité de la queue d'une autre constellation, nommée la *petite Ourse*. (On conçoit d'après cela, combien, étant favorisé par une nuit claire, il est facile de s'orienter; c'est-à-dire, de déterminer la position des quatre points cardinaux : car dès qu'on a le nord devant soi, le midi est par derrière, l'est à droite, et l'ouest à gauche. Aussi a-t-on vu l'homme de guerre profiter plus d'une fois de ce moyen pratique d'orientation.)

Revenant à notre sujet, supposez qu'un observateur, suivant la direction du méridien du lieu, se dirige sur la polaire. La surface de la terre étant courbe, à mesure que l'observateur avancera, l'étoile semblera s'élever; de même que le sommet d'une tour éloignée s'élève aux yeux du voyageur qui s'en approche : que si l'observateur recule, il croira voir l'étoile s'abaisser. Imaginez ensuite deux rayons partant du centre de la terre, et aboutissant, l'un aux pieds de l'observateur, l'autre à la polaire. Ces rayons pouvant être considérés comme deux index d'une même horloge, quoique mus en sens inverse, devront faire le tour du cadran imaginaire dans un même laps de temps. Donc, ayant déterminé au point de départ la hauteur de la polaire au-dessus de l'horizon du lieu (*voir* n° 76), si l'observateur, après avoir marché pendant un certain temps, constate au moyen d'une nouvelle mesure, que l'étoile a décrit l'arc d'*un* degré (la 360e partie du méridien céleste); il en conclura que le petit rayon aboutissant à ses pieds, a dû parcourir sur le méridien terrestre, aussi l'arc d'*un* degré : par conséquent, pour connaître la valeur de ce dernier, il n'aura qu'à mesurer exactement le trajet effectué.

Au lieu de suivre cette marche pénible et peu praticable, PICCARD, astronome français au XVIIIe siècle, trouva plus simple de déterminer la distance demandée par l'observation astronomique. Remarquant qu'une étoile qui passait au *zénith* de Paris à minuit précis (le *zénith* de l'observateur est le point du ciel situé directement au-dessus de sa tête), ayant été observée au même instant à Amiens, ville placée sous le même méridien que Paris, mais plus au nord, donnait la différence car il peut suppléer à la règle, à l'alidade, à l'échelle, à l'équerre, et, comme nous venons de le dire, au compas pour l'interception des distances.

---

d'*un* degré ; il eut la certitude qu'entre les deux villes, la terre doit avoir un degré de courbure qu'il fixa par la mesure à 57 060 toises : quantité très-proche de la vérité, puisque des recherches plus récentes ont donné pour mesure exacte d'un degré en France 57 000 toises. Nous disons, *en France*, parce que l'étude de notre globe ayant démontré que la terre, loin d'être une sphère parfaite comme on l'avait cru longtemps, est un corps rond, aplati aux pôles et renflé à l'équateur (*sphéroïde*) ; il suit de là que les degrés des méridiens terrestres ne sauraient être égaux entre eux, et qu'ils sont d'autant plus grands qu'on s'éloigne davantage de l'équateur. En effet, il est évident que, les régions polaires étant aplaties, il faudrait y marcher plus longtemps que dans celles voisines du renflement, avant de pouvoir constater dans l'élévation ou l'abaissement de l'astre un degré de différence ; aussi a-t-on pris la moyenne pour calculer le développement total de la circonférence.

Les opérations de DELAMBRE et de MÉCHAIN, relatives à la mesure de l'arc terrestre compris entre Dunkerque et Barcelone, opérations continuées depuis lors jusqu'à l'île de Formentera, par MM. BIOT et ARAGO, donnent pour le quart du méridien ou 90 degrés, 5 130 740 toises (terme moyen, 57 008 $\frac{2}{9}$ par degré). Or, comme dès le principe il avait été proposé de prendre pour *unité* de mesures, la dix-millionième partie de cette longueur, le mètre a été fixé à

$$\frac{5\,130\,740}{10\,000\,000}\text{ toises.}$$

Réduisant les toises en lignes (à raison de 864 lignes par toise), on a 4 432 960 000 lignes. Divisant par 10 000 000, il vient 443 lignes 296 millièmes de ligne, ou 3 pieds 0 pouce 11 lignes et 296 millièmes de ligne.

Ainsi, grâce au génie de l'homme, l'étalon de l'unité nouvelle, le mètre, est désormais cloué, pour ainsi dire, à la voûte du ciel ; et il a suffi d'en prendre les subdivisions et les multiples décimaux, pour que cette mesure devînt la souche de toutes les autres, depuis les plus grandes jusqu'aux plus petites. Supposons, s'il est possible, qu'un événement quelconque vienne à détruire sur la terre toutes les repré-

**68.** Pour mesurer sur le terrain la distance de deux points, on place dans leur alignement, bout à bout et autant de fois qu'il est nécessaire, des longueurs connues qu'on maintient horizontalement au moyen d'un niveau et de chevalets. Les précautions à prendre dans cette opération, et la nature des longueurs à employer, sont subordonnées à l'exactitude qu'on se propose d'atteindre. Si la distance est peu considérable, on emploie des règles en bois (*règles métriques*), ayant la longueur du double ou du quadruple mètre, portant des divisions et des subdivisions. Pour en faire usage, tracez une droite le long d'un cordeau tendu sur le terrain dans la direction donnée; posez sur la droite tracée, bout à bout et le plus horizontalement possible, deux règles; enlevez *avec précaution* la première, et replacez-la à la suite de la seconde, en ayant bien soin de ne pas déranger celle-ci et surtout d'*éviter le recul* : continuez de cette manière jusqu'à ce que toute la ligne soit mesurée.

Mais comme ce moyen demande du temps et de grandes précautions, malgré les inconvénients attachés à l'emploi de la chaîne métrique, on s'en sert préférablement pour l'évaluation des distances dans les levés qui se construisent sur les échelles de $\frac{1}{2000}$ jusqu'à $\frac{1}{20000}$.

La *chaîne métrique* est un assemblage de *chaînons* de même longueur, joints bout à bout par un anneau qui entre dans les boucles des deux chaînons contigus. Il y a ordinairement deux décimètres de distance du centre d'un anneau à l'autre. La chaîne est divisée par d'autres anneaux de cuivre, en dix parties égales, ayant chacune un mètre de longueur. Afin de pouvoir tendre la chaîne, il y a à chaque extrémité une boucle large, nommée *poignée*,

sentations du système métrique; pour le reconstruire, il suffira de trouver quelque part le procédé par lequel on l'obtint.

dans laquelle on passe la main. Avant de se servir de l'instrument, il faut comparer ses chaînons avec l'unité de mesure, et reconnaître si la longueur de la poignée est prise ou non aux dépens de celle du chaînon contigu ; c'est-à-dire si, étant tendue, la chaîne a juste un ou deux décamètres (10 ou 20 mètres) du bout d'une poignée au bout de l'autre. Comme il est impossible de tendre la chaîne exactement en ligne droite, on lui donne environ un ou deux centimètres de plus, suivant qu'elle a 10 ou 20 mètres de longueur. Ensuite, la tension constante exercée sur l'instrument devant finir par l'allonger, il est bon, après une vérification rigoureuse, de marquer sa longueur totale en un lieu convenable et de présenter souvent la chaîne à cet étalon, afin de connaître si elle a varié (*).

Une chaîne est accompagnée d'un paquet contenant d'habitude *onze* fiches.

---

(*) Une chaîne métrique peut remplacer avantageusement le *cordeau-équerre,* instrument employé à élever sur le terrain des perpendiculaires à une ligne donnée. Voici comment : Formez un triangle. en lui donnant pour côtés 5, 4, 3 chainons. De ce que le carré de 5 est fig. 57
égal à la somme des carrés des deux autres nombres (savoir, $25 = 16 + 9$), il s'ensuit que le triangle construit est rectangle; car c'est le seul dans lequel la somme des carrés de deux côtés soit égale au carré du troisième (LEGENDRE, livre III, prop. 23, *scholie*). Par conséquent, il suffira de placer l'anneau de jonction des deux plus petits côtés au point donné A; d'ajuster AB, un des petits côtés de l'angle droit, le long de la droite donnée; puis, tendant l'instrument et l'appuyant sur le terrain, on aura la perpendiculaire demandée en suivant la direction du second petit côté AD de l'angle droit. Mais comme le triangle formé avec 3, 4, 5 chainons serait trop petit, vous pourrez doubler, tripler et même quadrupler ces nombres, sans crainte de détruire la relation précédente. On peut remplacer la chaine par un cordeau d'une longueur arbitraire, divisé, au moyen du double décimètre, en douze parties égales.

Les *fiches* sont des tringles de fer d'un demi-mètre de hauteur, taillées en pointe, et d'une épaisseur suffisante pour pouvoir être enfoncées dans la terre sans se courber.

A défaut de chaîne on se sert de cordeau.

Le *cordeau* est un ruban de fil de dix mètres de longueur, divisé de mètre en mètre par des nœuds qu'on forme avec des morceaux de ficelle piqués dans le ruban. La longueur du cordeau étant variable, tant à cause de l'inégalité de la tension qu'à cause des changements atmosphériques, ou parce qu'on opère quelquefois sur un terrain humide; il faut avoir soin, si l'on ne peut en éviter l'emploi, de l'imbiber préalablement d'huile de lin, et de le frotter de temps à autre avec de la cire.

**69.** *Evaluation des distances au moyen de la chaîne.* Deux personnes A, B, sont nécessaires pour mesurer avec la chaîne. La première, A, appuie fortement une des poignées contre la fiche plantée au point de départ; la deuxième, B, marche en avant, tenant le paquet de fiches de la main gauche, et l'autre poignée de la main droite : maintenue dans l'alignement principal par A, B se dirige sur les jalons placés d'avance. Lorsque B se sent arrêtée, elle tend la chaîne aussi horizontalement que possible, passe une fiche dans la poignée, et l'enfonce dans la terre. Cela fait, B continue à marcher jusqu'à ce que A, atteignant cette autre fiche, l'arrête encore pour lui faire tendre la chaîne et marquer un deuxième point. L'opération se poursuit de cette manière tant que B a des fiches ; celles-ci étant épuisées, A, qui les a levées à mesure, marque sur son calepin *une portée* ou *cent mètres,* et rend à B les fiches, sauf la dernière qui demeure pour servir de nouveau point de départ. L'opération est terminée lorsque B arrive à l'extrémité de la ligne tracée dont la longueur s'estime par le nombre des portées, plus la fraction de la dernière qu'on mesure très-exactement.

Quelque simple qu'il paraisse, ce procédé demande beaucoup de soin ; car, si la chaîne n'est pas suffisamment tendue à chaque station, ou si la personne B n'est pas bien maintenue dans l'alignement par A, la mesure ne sera pas exacte.

**Remarque.** Peu de personnes se font une idée juste de la difficulté qu'on éprouve quand on veut mesurer très-exactement une ligne droite ; cette difficulté est telle qu'en répétant l'opération, on obtient rarement une même longueur. Aussi, toutes les fois qu'une grande exactitude est exigée, faut-il mesurer trois, quatre et même cinq fois, avec toute la précision possible ; puis, *additionner toutes les longueurs trouvées, et diviser leur somme par le nombre de mesurages :* le quotient donnera une *longueur moyenne* souvent plus juste qu'aucune des mesures obtenues directement, à cause d'une espèce de compensation opérée par le calcul, entre les erreurs en plus et les erreurs en moins.

Supposons que, la vraie longueur d'une droite étant de 43m·,58, l'on ait trouvé

| | |
|---|---|
| Par un premier mesurage. . . . . . . | 43m·,59 |
| Par un deuxième. . . . . . . . . . . | 43 ,57 |
| Par un troisième. . . . . . . . . . . | 43 ,583 |
| La somme de ces trois longueurs est. . | 130m·,743 |

Divisant par 3, nombre de mesurages, on aura pour longueur moyenne 43m·,581. Si l'on compare ce nombre avec la vraie longueur qui est 43m·,58, on ne trouve qu'*un* millimètre d'erreur en plus ; tandis qu'elle serait d'*un* centimètre ou de 3 millimètres en plus, si l'on s'en tenait au premier ou au troisième mesurage ; et d'*un* centimètre en moins, si l'on adoptait le second.

A la vérité les erreurs pourraient être toutes en plus ou toutes en moins ; mais lors même que cela aurait lieu, il n'en sera pas moins prudent de prendre toujours la moyenne des longueurs trouvées.

**70.** Souvent il arrive que le terrain est en pente ; si l'on mesure en montant, la personne placée plus haut appuiera sur la terre l'extrémité de la chaîne, tandis que celle placée plus bas, élèvera l'autre extrémité bien droit au-dessus de la fiche plantée, en ayant soin de tendre la chaîne le plus horizontalement possible.

Soit à mesurer en descendant la longueur horizontale
fig 58. d'une pente A*d*EB.

Trois personnes sont indispensables pour cette opération : deux placent et maintiennent une règle en bois, de quatre mètres, par exemple ; la troisième manie un *niveau* (voir n° 77).

Marquez par des jalons les points A, B. Appuyez une des extrémités de la règle en A, et élevez l'autre jusqu'à ce que le niveau placé sur la mesure indique que sa direction est horizontale ; suspendez à l'extrémité libre *c'* de la règle, un fil à plomb, et marquez sur le terrain le point correspondant *c;* transportez en ce point le bout appuyé en A, et continuez l'opération tant que vous ayez atteint le point B : le nombre de portées donnera la vraie longueur de la droite horizontale AB' ou BA'.

Si l'un des points donnés par le fil à plomb tombe dans une concavité, telle que *d*, par exemple ; il faut y planter verticalement un jalon D*d*, appuyer le bout de la règle contre ce jalon, et en planter un autre à l'extrémité *r*, afin de pouvoir diriger la règle horizontalement au-dessus de la saillie E.

Lorsqu'on ne tient pas à une grande précision, il suffit de déterminer à vue l'horizontalité de la règle, et de remplacer le fil à plomb par un petit caillou qu'on laisse tomber de l'extrémité libre de la mesure. Les arpenteurs, qui opèrent avec la chaîne, font tomber, au lieu de caillou, une fiche qu'ils plantent ensuite pour s'en servir comme point de départ.

**Remarque.** Nous ferons observer qu'au moyen de cette opération, d'ailleurs assez incommode, l'on n'obtient que la distance *horizontale*, c'est-à-dire *directe ;* et non pas la distance réelle, *itinéraire,* certainement plus grande. Pour connaître celle-ci, on doit recourir aux *Tables de corrections* qui indiquent combien il faut ajouter par mètre selon la pente générale du terrain ; aussi, en supposant cette pente déterminée d'avance, sera-t-il préférable de mesurer simplement la distance itinéraire, et de la réduire ensuite à la distance horizontale, au moyen de ces mêmes Tables dont l'emploi vous sera enseigné dans le *Cours de Topographie.* Vous verrez tout à l'heure que pour avoir approximativement la longueur réelle de la pente, on doit ajouter en général $\frac{1}{5}$ à sa longueur directe.

**71.** *Evaluation des distances au moyen du pas.* Le *pas* d'homme ou de cheval, suffit dans certains cas pour l'évaluation approximative d'une distance de peu d'étendue. La mesure des distances au pas se fait particulièrement dans les levés qui ont rapport aux reconnaissances militaires. Lorsqu'on la prend à cheval, on peut choisir pour terme de comparaison une allure quelconque, attendu que l'uniformité du mouvement d'un cheval est moins contestée. Un cheval fait habituellement 1200 pas pour parcourir la distance d'un kilomètre, ce qui donne par pas $\frac{5}{6}$ de mètre. Quant à l'homme, on emploie trois sortes de pas :

1°. Le pas *métrique* dont la longueur est de 1 mètre;
2°. Le pas *géométrique* qui a $0^{m\cdot},75$ de longueur;
3°. Le pas de *route* qui varie d'une personne à l'autre.

L'emploi des pas métrique et géométrique étant assez fatigant, il faut donner la préférence à celui de *route,* d'autant plus qu'on le fait régulier plus longtemps que tout autre pas. Pour faire usage de cette mesure, on doit connaître le rapport de son pas au mètre. A cet effet, tendez sur le terrain une chaîne de 10 ou de 20 mètres, et parcourez la longueur qu'elle marque; répétez l'exercice tant que vous soyez parvenu à former un pas égal; mesurez ensuite une distance de 50, 100 ou 200 mètres, divisée en parties de 10 ou 20 mètres; parcourez successivement toutes les divisions, plusieurs fois de suite s'il le faut, jusqu'à ce que leur évaluation ne présente plus de différence notable; *ayant additionné les divers résultats, divisez la somme par le nombre total des parties parcourues, puis le quotient par le nombre des mètres contenus dans une des parties :* le second quotient donnera le rapport cherché. Répétez le même exercice avec la distance entière.

Connaissant la valeur du pas sur un terrain horizontal et solide, il faut la rechercher sur un terrain mou, incliné, etc. La fatigue exerçant aussi une grande influence sur la longueur du pas, on doit, par des expériences réitérées, constater les modifications qu'elle entraîne dans l'appréciation des distances d'une certaine étendue, ou pénibles à franchir.

*Manière de compter les pas.* Les pas se comptent un à un, ou deux à deux : la seconde manière est plus commode. Pour ne pas fatiguer la mémoire, on ne compte que jusqu'à 50 ou 100, et l'on marque les cinquantaines ou centaines, en laissant, par exemple, tomber dans une poche vide une pièce de monnaie, un caillou, etc.

Tels sont les moyens ordinaires pour déterminer les distances par des mesures directes; il en est d'autres encore qu'on trouve développés d'une manière complète dans l'ouvrage : *Application de la Géométrie à la Topographie,* par Duhousset, capitaine d'état-major; 2e édit., Paris, 1842.

**72.** *Evaluation des distances au moyen du temps.* On peut également trouver le rapport entre plusieurs distances, si l'on connaît le temps qu'exige leur trajet avec un mouvement régulier. Mais on conçoit que pour cela, il est nécessaire : 1°. d'adopter une mesure comparative de temps ou *unité de temps,* comme le mètre a été adopté pour mesure comparative ou unité d'étendue ; 2°. de reconnaître préalablement la vitesse du mouvement employé, c'est-à-dire l'espace parcouru pendant l'unité de temps qui est la *seconde* pour un mouvement rapide, et la *minute* pour un mouvement lent.

L'expérience nous apprend que le chemin parcouru en une minute par un piéton est de 100 mètres (*) ; par le cavalier au *petit trot,* de 150 mètres ; et par la marche en poste, de 250 mètres. Ainsi, pour estimer une longueur quelconque, on multiplie le nombre des unités de temps écoulé durant le trajet de la distance donnée, par l'espèce de vitesse employée.

**73.** Il y a des cas où l'on se borne à déduire les *grandes* distances directes, des distances itinéraires ; en prenant les $\frac{4}{5}$ de celles-ci pour un terrain fortement accidenté, et $\frac{6}{7}$ pour un terrain plat ou peu accidenté (**).

---

(*) Il ne faut pas confondre le pas de route d'un piéton avec celui d'un fantassin. Le fantassin pour atteindre 100 mètres devrait faire par minute environ 154 pas de 0m.,65, vitesse employée par les tirailleurs dans des cas *non ordinaires.* Cependant l'expérience des derniers temps a démontré combien ce résultat est inférieur à celui qu'on pourrait atteindre par un exercice soutenu. La longueur du pas *gymnastique* adopté dans les manœuvres des *chasseurs à pied,* organisés en France depuis 1841, est de 0m.,83, et sa vitesse *habituelle* de 165 par minute. Dans les circonstances pressées, la cadence de ce pas peut être portée à 180. Alors une lieue de 4 kilomètres est parcourue en 27 minutes, ce qui donne par minute au delà de 148 mètres. Bien que cette allure soit déjà celle du cavalier au petit trot, elle n'est pas encore ce qu'ils nomment *course de vélocité !*

(*) Nous avons souvent remarqué que les personnes étrangères à la science, désirant connaître la distance itinéraire de deux points indi-

**74.** *Evaluation des distances au moyen du son.* On a encore tiré parti de la manière dont se propage le son, pour apprécier de grandes distances. L'expérience a démontré : 1°. que *la vitesse du son est uniforme;* c'est-à-dire que dans un temps double, il parcourt un espace double; 2°. que cette vitesse ne varie pas, *quels que soient l'état atmosphérique et la nature du son,* pourvu que l'air soit calme; mais qu'un vent ordinaire venant du côté d'où part le son, en augmente la vitesse d'environ 10 mètres par seconde, ou bien la diminue d'une même quantité, s'il souffle du côté opposé : tandis qu'un vent orageux produit un effet triple; 3°. qu'enfin, le son parcourt à peu près 340 mètres par seconde dans une atmosphère calme, à la température de 8° *Réaumur* au-dessus de *zéro,* et que cette vitesse augmente ou diminue de 0,783 par chaque degré en plus ou en moins.

Cela posé, lorsqu'un observateur pourra estimer le temps écoulé entre l'origine du son et le moment où il l'aura perçu, il connaîtra la distance du point où le son a pris naissance. La détonation des armes à feu étant accompagnée de lumière (dont la vitesse est telle qu'elle se transmet *instantanément,* pour ainsi dire, à l'œil de l'observateur); si, par exemple, on tient compte du temps écoulé entre l'apparition de la lumière d'une batterie qui fait feu, et la perception du son, on pourra évaluer approximativement la distance de la batterie, en négligeant l'état de la température et en multipliant par le nombre des

---

qués sur une carte, se bornent à intercepter cette distance au moyen du compas dont elles reportent l'ouverture sur l'échelle qui accompagne la carte; mais on n'a de cette manière que la distance directe : pour avoir la distance réelle, itinéraire, il faut ajouter $\frac{1}{7}$ du résultat obtenu, si les deux points sont situés dans un pays plat, ou $\frac{1}{5}$ s'ils le sont dans un pays fortement accidenté.

secondes écoulées, les 340 mètres augmentés ou diminués suivant la vitesse du vent (*).

Mais les meilleurs chronomètres portatifs n'indiquent

---

(*) La vitesse de la lumière est prodigieuse ; elle a été fixée à 70 000 lieues par seconde ; c'est-à-dire, qu'elle est 6 millions de fois plus rapide que celle d'un boulet de canon. On peut donc dire avec raison que, produite sur un point quelconque du globe, elle serait aperçue presque *instantanément* d'un autre point quelconque, si la surface de la terre était plane. Les personnes qui n'ont pas fait une étude spéciale des lois de la nature, nous sauront gré de leur faire connaître comment on est parvenu à cette découverte.

GALILÉE, une des grandes illustrations du XVIe siècle, est le premier qui ait cherché à calculer la vitesse de la lumière ; mais ses recherches furent infructueuses, parce qu'il borna ses observations à des distances de peu d'étendue. Ce n'est qu'en 1675 que ROEMER, astronome danois, ayant conçu l'idée d'appliquer les observations astronomiques à l'estimation de cette vitesse, parvint à la déterminer avec une précision vraiment admirable. Voici le moyen qu'il employa : Parmi les corps célestes nommés *planètes*, qui se meuvent autour du soleil considéré comme centre du système, il en est un, *Jupiter*, qu'on voit accompagné de quatre lunes (*satellites*) tournant autour de lui, de même que la lune qui accompagne notre globe tourne autour de nous. Jupiter étant aussi éclairé par le soleil, projette dans l'espace une ombre *conique* dont le sommet est dirigé du côté opposé au soleil ; un des satellites, le plus proche par exemple, entre dans le cône d'ombre, disparaît à la vue, puis, au bout de quelques minutes, reparaît de l'autre côté et continue sa révolution autour de la planète : quelqu'un, choisissant pour l'observation l'époque où la terre se trouve placée entre le soleil et Jupiter, reconnaît qu'il s'écoule entre deux disparitions successives, autrement dites *éclipses*, 42 heures 28 minutes. Le mouvement de la terre autour du soleil étant beaucoup plus rapide que celui de Jupiter, bientôt ces trois astres (le soleil, la terre et Jupiter) ne seront plus en ligne droite. Si la vitesse de la lumière n'avait point de bornes, à quelque distance que parvienne la terre, l'observateur devrait s'apercevoir de la disparition du satellite, toujours un certain nombre de fois 42$^h$ 28$'$, à partir de la première éclipse ; mais il n'en est pas ainsi : le satellite disparaît d'autant plus tard que la terre s'éloigne davantage du premier point d'observation, et lorspas le temps sans l'incertitude d'un quart de seconde ou d'une demi-seconde. Afin de corriger les erreurs qui pourraient en résulter dans l'évaluation des distances, on a admis de compter pour une montre ordinaire 18000 battements par heure, ce qui donne 5 battements par seconde ; et l'on assigne pour limite inférieure aux distances appréciables au moyen du son, 800 mètres.

**75**. *Evaluation à vue*. On estime les distances à vue, lorsque l'exécution du levé exige une grande célérité, comme, par exemple, dans les reconnaissances faites en présence de l'ennemi.

L'idée de la grandeur nous est acquise par la comparaison des objets ; celle-ci s'exerçant journellement, nous donne la faculté d'estimer à la vue seule les dimensions ordinaires : donc c'est le défaut d'habitude qui nous rend si difficile l'évaluation des distances et des grandeurs que l'œil a rarement l'occasion d'embrasser.

Rien n'aide à perfectionner le coup d'œil autant que de vérifier, par des mesures directes, les longueurs estimées préalablement à vue dans les opérations régulières sur le terrain. Le cadre resserré de ce travail ne nous permettant pas d'entrer dans tous les détails que comporte ce sujet, nous nous bornerons à l'indication de quelques moyens pratiques :

---

qu'elle a atteint le maximum, le retard est de 16′ 26″ (16 *minutes* 26 *secondes*) : preuve que la lumière, pour parvenir jusqu'à nous, emploie un certain temps appréciable seulement à de grandes distances. Or, de ce que $1' = 60''$, on a $16' + 26'' = 986''$ ; divisant par ce nombre la différence du maximum au minimum de distance, valeur fixée par le calcul astronomique à près de 69 millions de lieues, on trouve pour la lumière une vitesse d'environ 70000 lieues par seconde. Ce résultat est tellement vrai qu'à quelque distance que la terre soit située de Jupiter, on trouve toujours un même nombre de lieues pour l'espace parcouru par la lumière en *une* seconde.

1°. Ayant choisi sur le terrain une station convenable, mesurez sa distance à un objet éloigné; comparez à cette longueur, d'autres plus ou moins grandes partant de la même station vers d'autres objets : en déterminant ces dernières par des mesures directes, vous jugerez de l'exactitude de votre estimation.

2°. Placez deux jalons aux extrémités d'une droite connue; observez celle-ci de diverses stations, et comparez avec elle les distances comprises entre les dites stations et les deux jalons.

Dans l'estimation à vue, on doit tenir compte de l'état atmosphérique, de la nature du terrain, etc. Le brouillard, par exemple, fait paraître les objets plus éloignés; tandis qu'ils semblent plus rapprochés dans un pays montueux (*voir* dans un traité élémentaire de Physique, l'article *Illusions optiques*).

**76.** *Théorie du fil à plomb,* instrument qui consiste en un morceau de plomb suspendu à un cordonnet.

Parmi les perpendiculaires, il en est une qu'on distingue des autres, parce qu'elle représente une direction qui, soumise à une loi générale, demeure invariable pour tout point du globe. Si, après avoir élevé un corps quelconque au-dessus de la terre, vous l'abandonnez à lui-même; il décrit en tombant une droite, *toujours et en chaque lieu* perpendiculaire à la surface des eaux tranquilles (*horizon du lieu*).

Figurez-vous tout liquide comme composé d'une infinité de particules douées de *mobilité parfaite;* vous concevez qu'une de ces particules venant à se déplacer par une cause quelconque, amènera le déplacement de toutes les autres; et le mouvement de la masse du liquide ne cessera qu'au moment où toutes les particules se seront équilibrées mutuellement, de manière à présenter une surface unie dont tous les points, attirés avec une force égale vers un point commun situé au centre de la terre, se trouveront également distants de ce centre : c'est ce qu'on nomme *loi de l'équilibre des liquides*. La terre étant un corps rond, *sphéroïde*, il s'ensuit que la plus petite portion de sa surface, soit liquide ou solide, est, absolument parlant, une surface courbe. Mais cette courbure restreinte à une petite étendue, et comparée à la surface entière du globe, peut être considérée comme nulle ; voilà pourquoi l'on admet que les particules formant la surface des eaux tranquilles de peu d'étendue, sont contenues dans un plan perpendiculaire à la ligne passant par le centre de la terre et le point considéré du plan ; en d'autres mots, perpendiculaire au rayon de la terre. Cela posé, si, au lieu d'envisager notre globe comme un corps rond, vous le considérez comme terminé par une infinité de facettes ou petits plans ; il est clair qu'un corps élevé au-dessus et abandonné à lui-même, étant attiré vers le centre de la terre, rencontrera dans sa chute un de ces petits plans. On conclut de là, que le point où la chute du corps aura pris naissance, un des plans infiniment petits que nous supposons la surface des eaux tranquilles, et le centre du globe se trouvent sur une même droite ; donc la surface d'un liquide à l'état de repos est perpendiculaire non-seulement au rayon de la terre, mais à la droite déterminée par la chute d'un corps, et qui n'est autre que le prolongement du dit rayon. Ainsi, pour connaître si le plan d'un lieu est *horizontal*, c'est-à-dire perpendiculaire à la ligne supposée issue du centre de la terre et aboutissant à ce plan, vous pourrez employer indifféremment soit le fil à plomb, comme représentant la direction de la chute des corps ; soit le niveau d'un liquide, comme représentant la surface des eaux tranquilles.

La droite que marque le fil à plomb librement suspendu, est nommée *verticale* (planter un jalon *à plomb* ou *verticalement*, c'est donc la même chose). Réciproquement, la droite qu'on suppose contenue dans la surface des eaux tranquilles, est nommée *horizontale* ou *droite de niveau*. Une droite qui n'est ni verticale, ni horizontale, est dite *inclinée*.

La géométrie nous enseigne qu'il ne peut passer par un même point qu'une seule verticale ou ligne à plomb, mais qu'une infinité de plans inclinés peuvent s'y croiser : c'est pourquoi l'on exige que les instruments soient toujours placés verticalement ou de niveau, afin de pouvoir rapporter au même plan les différentes opérations.

**77.** On appelle *niveaux*, les instruments destinés à connaître si une droite ou si un plan est horizontal, et à déterminer de combien un point quelconque de la surface est plus ou moins élevé qu'un autre. Pour le premier usage, le seul dont nous ayons ici à nous occuper, on se sert du niveau à perpendicule, ou bien du niveau à bulle d'air.

Le *niveau à perpendicule*, ou simplement *niveau de* fig. 59.
*maçon*, se compose de deux obliques AB, AC, d'une traverse DE qui rend constant leur écartement, et d'un fil à plomb dont le point d'attache est près de A. Un trait indicateur, fait sur la traverse, marque la direction d'une perpendiculaire qui tomberait de A sur BC; par conséquent, toutes les fois que le fil couvrira le trait indicateur, il sera perpendiculaire au plan qui servira d'appui au niveau, et qui indiquera l'horizon du lieu.

**78.** Le *niveau à bulle d'air* est un petit tube en verre, fig. 60.
contenu dans une monture en laiton, et présentant vers le milieu M, un léger renflement. Comme les corps les plus légers montent toujours à la surface du liquide, chaque fois que les deux extrémités de l'instrument seront de niveau, ou bien que la droite sur laquelle pose la

monture en laiton aura elle-même cette position, la bulle d'air occupera le haut du renflement formé par le tube; car, dans l'un comme dans l'autre cas, l'eau remplit également les deux parties extrêmes, et laisse libre le milieu. Si la bulle se porte à gauche, par exemple, c'est que le plan est plus élevé de ce côté; alors il faudra abaisser cette extrémité ou élever l'autre, jusqu'à ce que le milieu de la bulle corresponde exactement au *zéro* de la division tracée sur le tube. On conçoit qu'un niveau de ce genre soit d'une extrême sensibilité et d'une grande justesse.

**79.** *Evaluation des longueurs considérées de haut en bas* (profondeur). Le secret des lois qui président au mouvement des corps ayant été dévoilé par la science, on sait maintenant que, dans un mouvement *uniformément* accéléré : 1°. *la vitesse est proportionnelle au temps;* c'est-à-dire que si la vitesse est de 1 mètre au bout de la première seconde, elle sera de 2 mètres au bout de 2″, de 3 mètres au bout de 3″, et ainsi de suite (*); 2°. que *les espaces parcourus sont entre eux comme les carrés des temps employés à les parcourir;* c'est-à-dire, que si au bout d'une seconde

(*) « On croyait avant Galilée que la vitesse communiquée par la « pesanteur à différents corps était différente, suivant la nature ou le « volume du corps. Cette opinion était fondée sur ce que la chute des « corps très-pesants est plus rapide que celle des corps légers. Galilée « fit voir que la différence tient à la résistance de l'air. Pour cela, il « laissa tomber du haut de la tour de *Pise,* quatre boules de même « volume, d'or, de plomb, d'ivoire et de liége; et il remarqua que la « boule d'or, qui était la plus pesante, arrivait la première à terre, et « que la boule de liége, qui était la plus légère, arrivait la dernière; « mais que le retard de la boule de liége était tel, qu'elle était à quel« ques pieds en arrière, lorsque la boule d'or touchait la terre. Ce « grand philosophe en conclut avec raison, que ce retard ne devait « pas être attribué à une différence d'action dans la pesanteur, mais « bien à la résistance du milieu dans lequel se faisait le mouvement; « la résistance de l'air est ici la même pour toutes les boules, parce l'espace parcouru par le mobile est de 1 mètre, au bout de 2″ il sera de 4 mètres, au bout de 3″ de 9 mètres, au bout de 4″ de 16 mètres, et ainsi de suite (les nombres de mètres 1, 4, 9, 16, etc., étant respectivement les carrés des nombres de secondes 1, 2, 3, 4, etc.).

Mais le mouvement des corps pesants, abandonnés à l'action de la force attractive dont le siége est au centre de la terre, doit être uniformément accéléré; car cette action est continue, et à peu près la même pour un même lieu, vu que les espaces parcourus verticalement, dans toutes les observations que nous faisons, sont très-petits en comparaison du rayon terrestre. Donc, dans la chute des corps, leur vitesse est proportionnelle au temps qu'ils mettent à tomber ; et les espaces parcourus aux divers instants de leur chute, croissent en raison des carrés des temps.

Des expériences réitérées ont prouvé que l'espace parcouru par un corps tombant pendant une seconde sur la surface de la terre (lorsque l'air ne lui oppose qu'une résistance insensible), est de 4m·,904 (environ 15 pieds 1 pouce); et la vitesse que le mobile acquiert dans cette

« qu'elles présentent la même surface à ce fluide. Mais cette force, « toujours la même, produisant une plus grande diminution proportionnelle de vitesse sur les corps les plus légers, ceux-ci doivent « tomber moins rapidement dans l'air.

« On peut d'ailleurs vérifier directement que *l'action de la pesanteur* imprime *la même vitesse* à tous les corps; pour cela, il suffit « de faire tomber dans un tube de verre de quelques pieds de longueur, qu'on a préalablement vidé d'air, de petites boules de plomb, « de liége et de moelle de sureau; on observe que, dans leur chute, « ces corps se maintiennent tous à la même hauteur. Quand on a « constaté ce résultat, on voit, en laissant rentrer l'air peu à peu, les « corps différer de plus en plus dans leur vitesse. » (*Traité élémentaire de Physique*, par Despretz; 6e édit.)

chute est telle, que si la force attractive de la terre suspendait son action tout à coup, le corps pourrait en vertu de la force acquise, parcourir pendant la deuxième seconde un espace double de celui de la première, c'est-à-dire 9m.,809 ; l'action de la terre continuant, le corps parcourra pendant la troisième seconde un espace double de celui de la deuxième ; savoir, 19m.,618 ; etc., etc., etc.

D'après ces données et les lois du mouvement *uniformément accéléré,* que nous avons indiquées plus haut, il est aisé de calculer l'espace total parcouru pendant un temps donné, par un corps tombant d'une hauteur quelconque. En effet, désignant par $t''$ l'unité de *temps* qui est la seconde ; par $t$, le nombre total des unités écoulées durant le trajet ; par $e'$, l'*espace* parcouru pendant la première seconde, et par $e$, l'*espace* demandé ; de ce que les espaces sont entre eux comme les carrés des temps, on a la proportion

$$t''^2 : t^2 :: e' : e.$$

Remplaçant le premier terme par 1, carré de l'unité de temps, il vient

$$1 : t^2 :: e' : e.$$

D'où l'on tire

$$e = e' t^2;$$

c'est-à-dire, que l'espace total parcouru par le mobile est égal à l'espace parcouru pendant la première seconde (4m.,904), multiplié par le carré du temps écoulé lors de la chute. Sachant, par exemple, qu'une balle de plomb, ou un caillou, qu'on a laissé tomber dans un puits, a mis 10 secondes pour arriver au fond, on trouvera par la formule précédente,

$$e = 4,9 \times 100 = 490^{m.}$$

Mais comme le son ne se transmet pas instantanément,

et qu'il parcourt environ 340 mètres par seconde, il aurait employé dans le cas actuel, pour parvenir jusqu'à nous, $\frac{490}{340} = 1'',44$ à un millième de seconde près ; ainsi la balle n'a pas mis 10″ pour faire le trajet, mais $10'' - 1'',44 = 8'',56$. Le carré de ce nombre étant 73,2736, on aura par approximation

$$e = 4,9 \times 73,2736 = 359,04^{m.}$$

La même formule peut être appliquée à la détermination des hauteurs qui se trouvent dans des conditions favorables à l'emploi du procédé : la présence de l'eau au pied de la hauteur est une de ces conditions, sans laquelle il serait impossible de connaître le temps employé à la chute du corps (*).

**80.** *Théorie et construction des échelles.* Le tracé sur le papier ne pouvant reproduire la grandeur réelle des dimensions du terrain, on réduit celles-ci toutes dans un même rapport qu'on a soin d'indiquer au moyen d'une droite divisée et subdivisée en parties égales, placée sur la carte dans le coin contenant le moins de détails. Cette ligne se nomme *échelle.* Tout dessin destiné à faire connaître les véritables dimensions du terrain ou d'ouvrages quelconques, est accompagné d'une échelle ; le nombre inscrit au-dessus fait connaître la portion de l'unité d'étendue du terrain, employée comme unité d'étendue pour le dessin (**). Lors donc qu'ayant intercepté à l'aide du

---

(*) Tel est le moyen dont on s'est servi pour déterminer, entre autres, la profondeur des fissures qu'on rencontre sur différents points du globe, et au fond desquelles on entend le bruit lointain d'un torrent. Dans une de ces fissures, en *Norwége,* la chute d'une pierre durant deux minutes, la profondeur a été fixée à une lieue : 800 mètres de plus que la plus haute cime des *Pyrénées.*

(**) On peut employer pour unité d'étendue du terrain une longueur quelconque : une lieue, une toise, un mètre, un pied, etc. ; mais le compas, ou du double décimètre, une dimension quelconque, on l'a reportée sur l'échelle ; il faudra se représenter cette dimension autant de fois plus grande en réalité, que l'indique le nombre inscrit au-dessus de ladite échelle.

Si l'on suppose une échelle ayant le mètre pour base, surmontée du nombre 1000, par exemple ; cela veut dire qu'on aura pris la millième partie du mètre (1 millimètre), pour représenter sur le papier un mètre d'étendue du terrain. Le nombre étant 10 000, c'est la dix-millième partie d'un mètre, ou la dixième partie d'un millimètre, qui, alors, représentera l'étendue susmentionnée ; autrement dit, 1 millimètre sur le papier vaudra, dans ce cas, 10 mètres en réalité ; ainsi du reste.

Lorsque l'échelle est destinée à ne faire connaître que
fig. 61. les unités, on la nomme *échelle des parties égales ;* c'est celle dont l'emploi est des plus fréquents : mais si on la construit de manière à pouvoir trouver les parties dé-
fig 62. cimales de l'unité, on lui donne le nom d'*échelle des dixièmes.*

Soit d'abord proposé de construire une échelle des parties égales de 1 à 20 000 ; c'est-à-dire que 1 mètre sur le papier représentera 20 000 mètres du terrain. Les échelles d'un mètre de longueur étant trop grandes pour le dessin, l'usage a consacré d'en tracer de plus petites, en prenant pour base la dixième partie d'un mètre (1 décimètre), divisée en centimètres et millimètres.

La première opération à faire, c'est de déterminer, par le raisonnement suivant, le rapport qui devra exister entre le tracé figuratif et les dimensions du terrain : Si

---

système métrique étant destiné à faire le tour du monde, nous prendrons le mètre pour base de nos constructions ; ce qui, d'ailleurs, ne change rien à la théorie.

1 mètre représente 20000 mètres, combien 1 décimètre représentera-t-il? ou,

$$1 : 20000 :: 0,1 : x.$$

Donc,

$$x = 20000 \times 0,1 = 2000 \text{ mètres}.$$

En prenant la longueur exacte d'un décimètre et la portant sur le papier, vous aurez la valeur représentative de 2000 mètres; puis, divisant le décimètre en dix parties égales (centimètres), vous aurez pour chaque centimètre la valeur de 200 mètres. Cela étant exécuté, portez une de ces parties à la gauche de la première division, et subdivisez-la en dix parties égales (millimètres); vous obtiendrez des subdivisions valant, chacune, 20 mètres. La portion tracée à la gauche, forme ce qu'on appelle le *talon* de l'échelle, et ne compte dans le numérotage que pour exprimer les dixièmes des divisions principales. fig. 61.

Veut-on trouver sur cette échelle 680 mètres, par exemple? On place une des pointes du compas au point correspondant à la cote 600, et l'autre pointe sur la quatrième subdivision du talon, en comptant de droite à gauche, etc., etc., etc. Pour avoir approximativement des distances au-dessous de 20 mètres, on subdivise à vue les petites intervalles du talon.

Le même procédé peut s'appliquer à la construction d'une échelle de toute autre grandeur.

Pour tracer une *échelle des dixièmes* qui permet de trouver les parties décimales de l'unité, on trace une droite indéfinie AO, et l'on porte sur cette droite, à l'aide du compas ou de quelque autre instrument, en partant du point A, onze fois de suite une longueur AB, déterminée par la grandeur relative qu'on veut donner à l'échelle. Divisez ensuite AB en dix parties égales, et numérotez-les de droite à gauche, 1, 2, 3, 4,....10. Par les points de di- fig. 62

fig 62. vision A, B, C,.... O, menez les perpendiculaires AF, BE,.... O100, égales chacune à AF ; divisez AF aussi en dix parties égales, et, par les points de division, tracez des lignes parallèles à AO, en ayant soin de les numéroter comme l'indique la figure ; enfin, divisez FE de la même manière que AB, et tracez des obliques dont la première parte de B et tombe sur le point de la première division de FE ; la seconde du point 1 et tombe sur le point de la deuxième division de FE ; et ainsi de suite jusqu'à la dernière qui parte du point 9 et tombe en E (*).

Les triangles rectangles BE1, et le tout petit qui forme son sommet, étant équiangles à cause des bases parallèles, ont les côtés homologues proportionnels ; or, de ce que le côté perpendiculaire du petit triangle vaut, par construction, le dixième du côté dont il fait partie, la base du petit triangle vaut aussi le dixième de la base E1 ; donc, si cette dernière représente 1 mètre, l'autre représentera 1 décimètre. On démontrerait de même que le 2e échelon du triangle BE1, en comptant du sommet B, vaut deux dixièmes de la base E1 ; le troisième, trois dixièmes, etc., etc., etc.

En supposant cette échelle de 1 à 1000 mètres, et la longueur BO de 1 décimètre, les divisions AB, BC,.... NO, représenteront des dizaines de mètre, et les divisions 1, 2, 3,.... 9, du prolongement de BO, des mètres. Pour avoir sur cette échelle 37m·,5, par exemple; on portera une pointe de compas en *a*, intersection de la perpendiculaire cotée 30 et de la parallèle cotée 5 ; l'autre pointe en *i*, intersection de la même parallèle et de l'oblique mar-

(*) Il est bien entendu que les lettres A, B, C,.. . O, ainsi que F, E, ne figurent que pour l'intelligence du texte. En réalité, on supprimerait A, F, et l'on remplacerait B, E, chacune par un *zéro;* puis C, D, G,.... O, par les nombres qui se trouvent au pied de ces divisions.

quée 7 à la ligne supérieure; alors on aura 30 mètres pour les 3 divisions principales de l'échelle, 7 mètres pour les 7 divisions du talon, et 5 décimètres de plus pour l'accroissement produit par l'obliquité de la ligne 7,8; ce qui fait $37^{m\cdot}$,5. Remarquez qu'ici les décimètres de la longueur à prendre, indiquent le numéro de la parallèle sur laquelle il faut appliquer les deux pointes du compas; tandis que les mètres, comptés sur les divisions principales de l'échelle et du talon, indiquent la perpendiculaire d'où il faut partir, et l'oblique à laquelle il faut s'arrêter.

La même échelle étant supposée de 1 à 100 mètres, les divisions AB, BC,.... NO, représenteront des mètres (auquel cas il faudra remplacer les chiffres 10, 20, 30,.... 100, par 1, 2, 3,.... 10); tandis que les divisions 1, 2, 3,.... 9, du prolongement de BO, représenteront des dixièmes de mètre. Alors, pour avoir $3^{m\cdot}$,75, par exemple; on porterait une pointe de compas en *a*, intersection de la perpendiculaire censée cotée 3 et de la parallèle cotée 5; l'autre pointe en *i*, comme au cas précédent : ainsi, on aurait 3 mètres pour les 3 divisions principales de l'échelle, 7 décimètres pour les 7 divisions du talon, et 5 centimètres pour l'accroissement produit par l'obliquité de la ligne 7,8; ce qui donne $3^{m\cdot}$,75. Ici ce sont les centimètres, subdivision inférieure de la longueur à prendre, qui indiquent le numéro de la parallèle; tandis que les mètres marquent la perpendiculaire dont il faut partir, et les décimètres, l'oblique à laquelle il faut s'arrêter.

A l'aide du principe établi, on pourra obtenir des échelles 10, 15,.... 100 fois plus grandes ou plus petites; en assignant à chaque division et subdivision une valeur 10, 15,.... 100 fois plus grande ou plus petite.

Comme les échelles sur le papier seraient bientôt dégradées par les pointes du compas, on en construit en cuivre, et on les nomme échelles de 1 à 1000, de 1 à 2 500, de 1 à 5 000, etc., selon que l'unité de l'échelle est 1000, 2 500, 5 000 fois plus petite qu'un mètre.

Les échelles adoptées par le dépôt de la guerre, sont : pour le levé des plans de villes, villages, places de guerre, routes, canaux et ouvrages de fortification passagère, de $\frac{1}{2000}$; pour le levé topographique des pays, le tracé des campements, des marches et itinéraires, de $\frac{1}{10000}$; enfin, pour les reconnaissances en temps de guerre, de $\frac{1}{20000}$, etc., etc., etc.

**81.** Nous avons dit plus haut (n° 67), qu'en France, la mesure d'un degré du méridien terrestre donna un résultat de 57 000 toises. Le hasard ayant voulu que ce nombre contînt exactement 25 fois 2 280 toises (valeur d'une lieue commune de France), il fut convenu de compter 25 lieues par degré. Mais les degrés du méridien n'étant pas tous égaux entre eux, on a dû calculer leur longueur moyenne pour arriver à la longueur réelle du méridien ; cette moyenne, d'après les travaux de Delambre et Méchain, ayant été fixée à 57 008 toises 1 pied 4 pouces (111 111m.,111....), il vient pour une lieue de 25 au degré moyen, 4 444m.,444...., base généralement adoptée pour la construction des tables des mesures itinéraires. Cependant M. Delcros, chef d'escadron au corps des ingénieurs géographes en France, ayant depuis peu calculé la longueur moyenne du degré, en tenant compte des modifications que les recherches les plus récentes ont amenées dans la mesure du globe, porte cette longueur à environ 8 mètres de plus : différence trop petite pour être ressentie dans l'évaluation des distances terrestres sur l'ancien pied. Obligé de tenir compte des progrès de la science, nous joignons la table des mesures itinéraires dressée d'après le calcul de M. Delcros, et conséquemment différant quelque peu des résultats consignés dans d'autres ouvrages.

# TABLE DE MESURES ITINÉRAIRES MODERNES.

| NOMS DES ÉTATS. | DÉSIGNATION DES MESURES | VALEURS EN MÈTRES. |
|---|---|---|
| AFRIQUE. États barbaresques . . . . | Les habitants des États barbaresques ne connaissent pas de mesure itinéraire, et comptent les distances à l'heure. Une journée de caravanes pesamment chargées est estimée à 1/4 de degré, environ 27780 mètres ; une journée de caravanes légèrement chargées est estimée à 1/3 de degré environ. . . . . . . . . . . . . . . | 37040 |
| AMÉRIQUE. | Dans les diverses parties de l'Amérique, on emploie les mesures des métropoles. . . | |
| ASIE. | | |
| Arabie . . . . | Mille arabe. . . . . . . . . . . . . . | 1942,642 |
| Calcutta. . . . | *Coss* ou mille bengalien = 4000 *covid* de 0m.,4472 . . . . . . . . . . . . . . | 1788,800 |
| Chine. . . . . | *Li* . . . . . . . . . . . . . . . . . | 577,000 |
| Malabar. . . . | *Coss* de 10 au degré. . . . . . . . . . | 11111,000 |
| Perse. . . . . | *Parasangue* = 30 stades persiens. . . . | 5000,000 |
| Siam. . . . . | *Roëning* = 2000 *vouah* de 1m.,92197. . . . | 3843,940 |
| EUROPE. | | |
| Angleterre. . . | Adopté en 1824 pour les trois royaumes, le mille légal est de 69,047 au degré, et vaut 8 *furlongs*, ou 1760 *yards* (demi-toise), ou 5280 pieds de 0m.,304794, ou. . . . . . | 1609,315 |
| | Mille géographique ou marin de 60 au degré moyen. . . . . . . . . . . . . . . | 1851,986 |
| | Lieue de 20 au degré = 3 milles marins . . | 5555,957 |
| Autriche . . . | *Meile* = 4000 *klafter* (toises), ou 24000 *fuss* (pieds) de 0m.,316103. . . . . . . . . | 7586,472 |
| | Mille marin de 60 au degré. . . . . . . | 1851,986 |
| Baden . . . . | *Meile* = 29629,671 pieds nouveaux de 0m ,3. | 8888,900 |
| Bavière. . . . | *Meile* = 23660 pieds du Rhin (*). . . . . | 7425,786 |
| Belgique. . . . | Lieue de Brabant. . . . . . . . . . . | 5555,957 |
| | *Id.* de Flandre = 20000 pieds du Rhin (*). | 6277,080 |
| | *Id.* ordinaire. . . . . . . . . . . . . | 5000,000 |
| | Mille métrique. . . . . . . . . . . . . | 1000,072 |
| Bohême . . . | Mille = 22017 pieds du Rhin (*) . . . . . | 6910,124 |
| Brunswick. . . | *Meile* = 34424 pieds du Rhin (*). . . . . | 10804,110 |
| Danemarck. . . | Mille = 2400 perches ou 24000 pieds de 0m.,313821. . . . . . . . . . . . . | 7531,704 |
| Espagne. . . . | *Legua* royale = 25000 pieds de 0m.,282655 | 7066,375 |
| | *Id.* ordinaire = 19800 pieds. . . . . | 5596,569 |
| | Mille marin. . . . . . . . . . . . | 6364,959 |
| France. . . . | Lieue de 25 au degré. . . . . . . . . | 4444,766 |
| | *Id.* de 22,5 au degré. . . . . . . . | 4938,628 |

| NOMS DES ÉTATS. | DÉSIGNATION DES MESURES. | VALEURS EN MÈTRES. |
|---|---|---|
| France. . . | Lieue marine de 20 au degré. . . . . | 5555,957 |
| | *Id.* de poste de 2000 toises. . . . . . | 3898,073 |
| | Mille géographique de 60 au degré . . . . | 1851,986 |
| Hambourg. . . | *Meile* = 24000 pieds du Rhin (*). . . . . | 7532,49 |
| Hanovre. . . | *Id* = 2274 perches, ou 36384 pieds de 0m.,291995. . . . . . . . . . . . . | 10623,946 |
| Hollande . . . | Mille = 20692 pieds de 0m.,283056. . . . . | 5856,995 |
| | Lieue marine de 20 au degré . . . . . . | 5555,957 |
| Hongrie. . . | Mille . . . . . . . . . . . . . . . | 8343,750 |
| Lubeck. . . | Mille géographique de 60 au degré. . . | 1851,986 |
| Milan. . . | *Miglio* ou mille géographique dit d'Italie. | 1851,986 |
| Pologne. . | *Mila* grande de 15 au degré. . . . . . | 7407,943 |
| | *Id.* petite de 20 au degré. . . . . . | 5555,957 |
| | *Id* de Lithuanie = 28530 pieds du Rhin (*) | 8954,255 |
| Portugal. . . | *Legua* ou lieue de 18 au degré. . . . . | 6173,286 |
| | Lieue marine de 20 au degré . . . . . | 5555,957 |
| | Mille marin de 60 au degré . . . . . . . | 1851,986 |
| Prusse. . . | *Meile* de 15 au degré . . . . . . . . | 7407,943 |
| | *Id.* de 24801 pieds du Rhin (*). . . . . | 7783,893 |
| | *Id.* de Silesie = 20877 pieds du Rhin. . . | 6552,330 |
| Rome. . . . | Mille romain de 75 au degré = mille ancien | 1481,588 |
| Russie . . | *Wersta* = 500 *sagènes* ou 1500 *archines*, il en vient au degré 104,466 . . . . . . | 1066,781 |
| Sardo-Piémont. | Mille de 1300 toises de France. . . . . | 2533,748 |
| Saxe. . . . | *Meile* dite de police = 32000 pieds de Dresde de 0m.,28326. . . . . . . . . . . | 9064,320 |
| Saxe-Weimar . | *Meile*. . . . . . . . . . . . . . | 6798,240 |
| Sicile, Naples. | Mille géographique de 60 au degré. . . | 1851,986 |
| Suède . . . . | Mille = 2250 perches, ou 36000 pieds de 0m.,296901. . . . . . . . . . . . . | 10686,16 |
| | Mille de Norwége = 35491 pieds du Rhin (*). | 11138,992 |
| Suisse . . . . | Mille . . . . . . . . . . . . . . | 8354,823 |
| Toscane. . . . | Mille = 2833,33 *braccia* ou pieds géographiques de 0m.,583028. . . . . . . . . | 1651,912 |
| Turquie. . . | *Berri* . . . . . . . . . . . . . . | 1669,670 |
| | Mille marin. . . . . . . . . . . . | 1479,293 |
| Venise . . . | *Miglio* du ci-devant Etat vénitien . . . | 1834,118 |
| Wurtemberg. . | *Meile* de 15 au degré . . . . . . . . | 7407,943 |

(*) Un pied du Rhin vaut 0m.,313854

**82.** *Moyen d'improviser un mètre.* Le *module* ou diamètre des pièces de monnaie ayant été établi, en Belgique comme en France, en nombres décimaux ; lesdites pièces peuvent servir à trouver les mesures usuelles de longueur. Ainsi, ajoutées bout à bout dans une direction rectiligne,

| | | | | |
|---|---|---|---|---|
| 32 pièces de 40 fr. | et 8 pièces de 20 fr. | | | donnent 1 mètre. |
| 11 *id.* | *id.* | et 34 *id.* | *id.* | |
| 19 *id.* | 5 fr. | et 11 *id.* | 2 fr | |
| 20 *id.* | 2 | et 20 *id.* | 1 | |

En France, le module des pièces de 2 fr. étant le même que celui des pièces de 5 cent., on peut encore obtenir un mètre, en prenant soit 20 pièces de 5 cent. et 20 de 1 fr., soit 29 pièces de 5 cent. et 7 de 10 cent. de cuivre (*). En Belgique, la monnaie de cuivre n'offre pas le même avantage; mais en combinant plusieurs espèces de pièces différentes, on arrive au même résultat. Par exemple : 15 pièces de 10 cent., 15 de 5 cent., 2 pièces de 2 fr. et 2 de 1 fr., donnent aussi un mètre, comme on peut s'en assurer au moyen du tableau ci-dessous.

## TABLEAU

### DU POIDS ET DU DIAMÈTRE DES PIÈCES DE MONNAIE.

| DÉNOMINATION DES PIÈCES. | | | POIDS EN GRAMMES | MODULE BELGE. | MODULE FRANÇAIS. |
|---|---|---|---|---|---|
| OR. | 40 fr | 00 cent. | 12,90322 | 26 millimètres. | 26 millimètres. |
| | 20 | 00 | 6,45161 | 21 » | 21 » |
| ARGENT. | 5 | 00 | 25 | 37 » | 37 » |
| | 2 | 00 | 10 | 27 » | 27 » |
| | 1 | 00 | 5 | 23 » | 23 » |
| | 0 | 50 | 2,50 | 18 » | 18 » |
| | 0 | 25 | 1,25 | 15 » | 15 » |
| CUIVRE. | 0 | 10 | 20 | 32 » | 31 » |
| | 0 | 5 | 10 | 28 » | 27 » |
| | 0 | 2 | 4 | 22 » | |
| | 0 | 1 | 2 | 17 » | |

(*) Nous disons *de cuivre*, pour ne pas confondre ces pièces avec celles de *billon* qu'on va bientôt retirer de la circulation.

Il est bon de faire observer qu'en France, depuis 1830, au lieu de marquer en creux les lettres sur tranche, on a adopté pour les monnaies d'or et pour la pièce de 5 fr., la marque sur tranche en relief; et pour les pièces de 2 fr. et de 1 fr., la cannelure sur tranche. Le même mode est suivi en Belgique. Or, la saillie des lettres ou de la cannelure étant indépendante du diamètre, on conçoit qu'elle pourrait entacher d'inexactitude le résultat du procédé ci-dessus; par conséquent, il faut avoir soin de mettre les pièces en contact, soit par les points de la tranche qui ne portent pas de lettres, soit par ceux sur lesquels on aurait fait disparaître les arêtes de la cannelure.

**Remarque.** De même que le module, le poids des pièces de monnaie d'argent et de cuivre ayant été fixé en nombres décimaux, lesdites pièces peuvent au besoin servir de poids usuels. En consultant le tableau précédent, on trouve que

1 pièce de 2 fr., ou 1 pièce de 5 cent., pèse 1 décagramme (10 gr.);
4 pièces de 5 fr., ou 10 pièces de 2 fr.,
ou 10 pièces de 5 cent., pèsent. . . . . 1 hectogramme (100 gr.);
155 pièces de 20 fr., ou 40 pièces de 5 fr.,
ou 100 pièces de 2 fr., ou 50 pièces de
10 cent., pèsent. . . . . . . . . 1 kilogramme (1000 gr.);

Un sac de { 250 pièces de 5 fr. / ou 250 *id.* de 10 cent. / ou 500 *id.* de 5 cent. } pèse 5 kilogrammes;

ainsi du reste.

A la vérité, les pièces de monnaie n'ont pas toujours exactement le poids qu'elles devraient avoir; mais la tolérance qu'on accorde, soit au-dessus soit au-dessous de ce poids, étant très-faible, les erreurs en plus et en moins se compensent sur un certain nombre de pièces.

FIN.

## Additions et Corrections.

---

| | | | | |
|---|---|---|---|---|
| Page 2, | ligne 1, | *supprimez les mots* | ou non contigus. | |
| » 7, | » 12, | *au lieu de :* | $Ab + 1/2\,bD : bD$. | *lisez :* $Ab + 1/2\,bD : 1/2\,bD$. |
| » id., | » 16, | » | $AD - 1/2\,bD : bD$, | » $AD - 1/2\,bD : 1/2\,bD$ |
| » 14, | » 6, | » | fig. 14, | » fig. 15. |
| » 17, | » 8, | *après* DB$a'$, *ajoutez :* | menée elle-même à volonté. | |
| » 23, | » 28, | *au lieu de :* | le point $a$, | *lisez :* le point accessible. |
| » 27, | » 14. | » | par les deux extrémités, | *lisez :* par une des extrémités. |
| » 50, | » 24, | » | parallèle à $dd'$, | *lisez :* parallèle à une droite telle que $dd'$. |
| » 57, | » 29, | » | grand, | *lisez :* petit. |
| » 67, | » 20, | » | fig. 42, | » fig. 43. |
| » 68, | » 1, | » | id., | » id. |
| » 84, | » 33, | » | XVIII, | » XVII. |
| » 93, | » 34, | » | (*), | » (**). |
| » 106, | » 10, | » | en E, | » en F. |
| » 112, | » 24, | » | 250, | » 200. |

*N.-B.* Dans la Table des Matières, page 115, *au lieu de :* Relation entre une transversale, etc., *et quelques lignes plus bas :* entre trois transversales, etc., *lisez :* Relation fondamentale entre les segments déterminés par une transversale (ou par trois transversales) sur les trois côtés d'un triangle.

# TABLE ANALYTIQUE

DES

# MATIÈRES.

(*Les chiffres indiquent le numéro du paragraphe, et non de la page.*)



## Théorie.

## Problèmes et Opérations pratiques.

### INSTRUMENTS.



### ALIGNEMENTS.

PARALLÈLES.



PERPENDICULAIRES.



DISTANCES.

HAUTEURS et PENTES.



DIVISION DES LIGNES DROITES.

DIVISION et CONSTRUCTION DES ANGLES.



ÉCHELLES.



PROJECTIONS.

DÉFILEMENT.



TABLEAUX.



FIN DE LA TABLE.

PL. I.

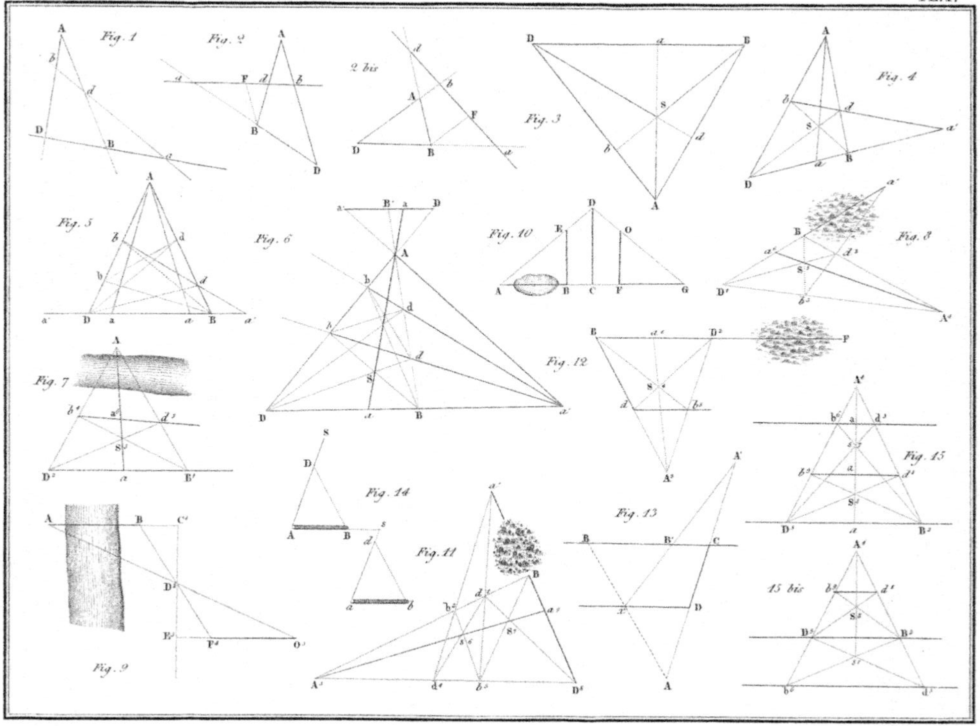
Fig. 1
Fig. 2
2 bis
Fig. 3
Fig. 4
Fig. 5
Fig. 6
Fig. 7
Fig. 8
Fig. 9
Fig. 10
Fig. 11
Fig. 12
Fig. 13
Fig. 14
Fig. 15
15 bis

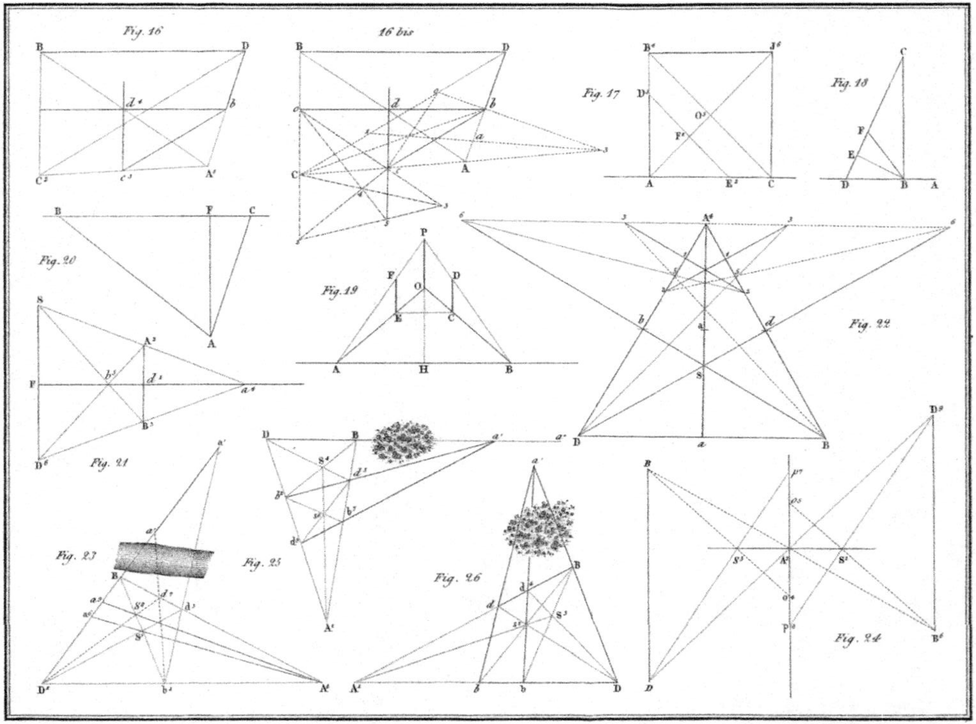


Isid. Jouvenel. Brux.

PL. III.

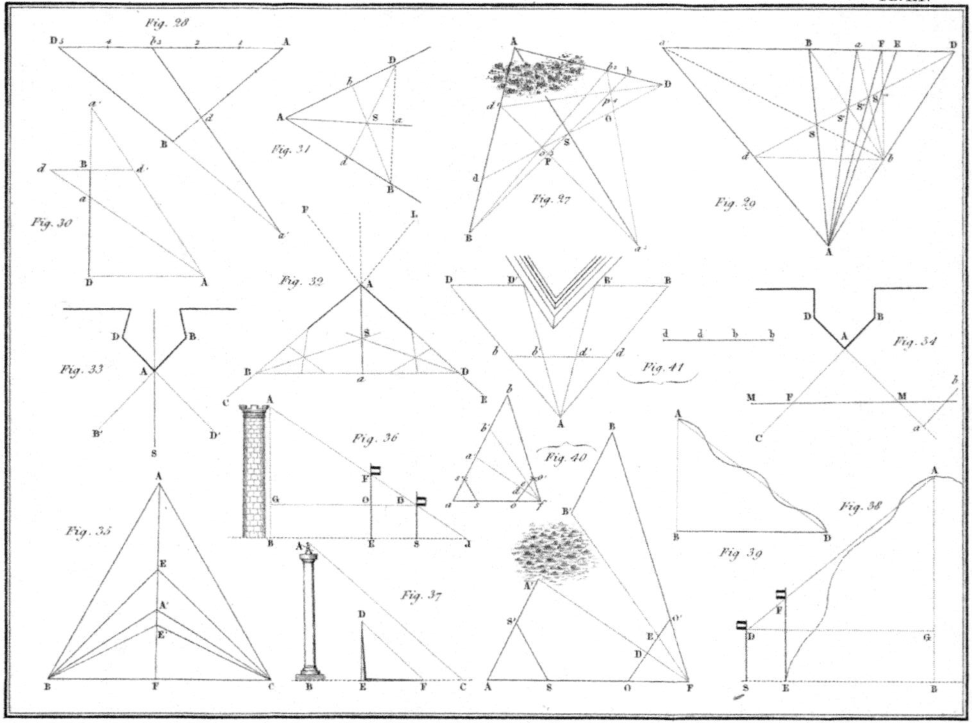


Isid. Jouvenel. Brux.

PL. IV.

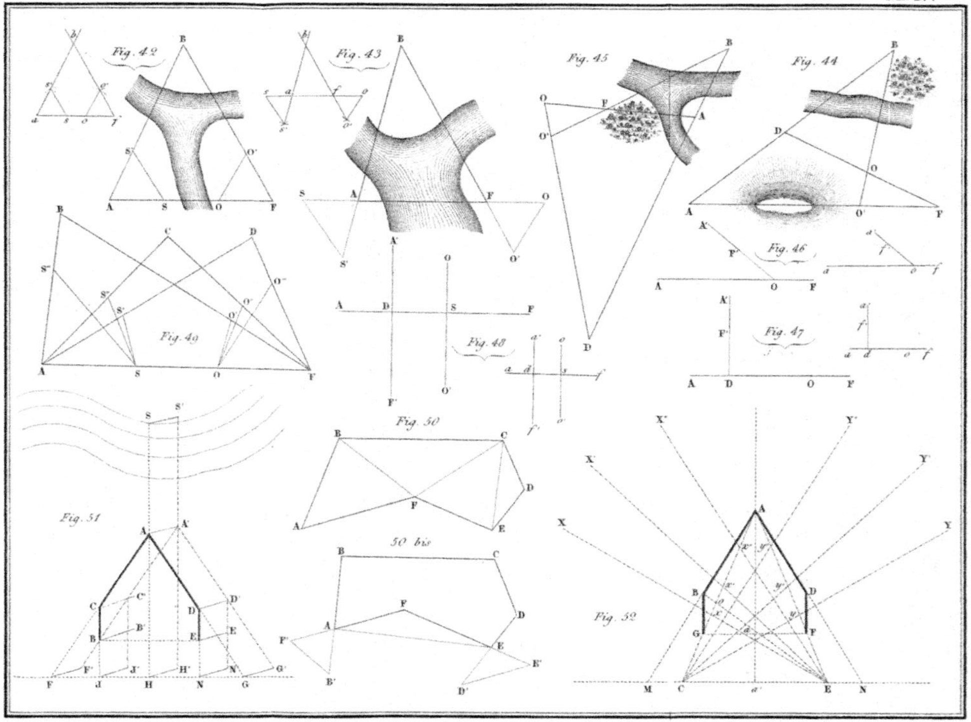


Isid. Jouvenel. Brus.

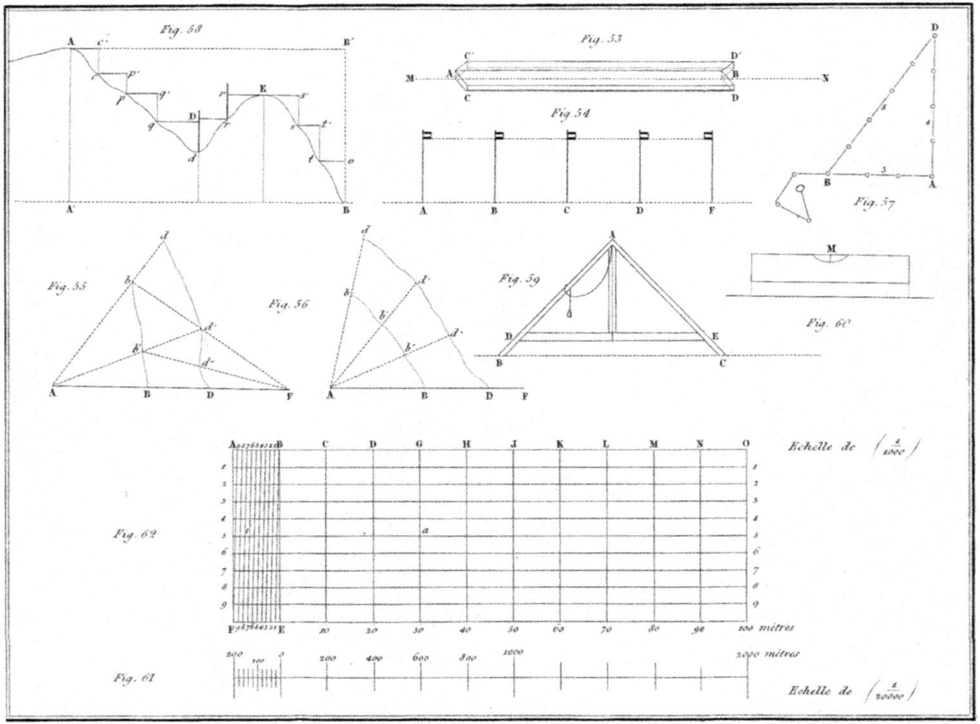


Isid. Jouvenel Brux.

Printed in Dunstable, United Kingdom

91233083R00080